초보사육자를 위한
유산양 기르기 입문서!!

저자 김 천 호 강원대학교 수의과대학교수/(사)한국유산양협회장

송 학 문 화 사

- 목 차 -

제 I 장 유산양의 특성과 유산양 사육의 특성 ······ 9

I -1 유산양의 특성 ······ 9

1. 유산양의 신체부위별 특성 ······ 9
2. 유산양의 생리학적 특성 ······ 11
3. 유산양의 비유(泌乳)능력 ······ 12
4. 유산양의 연령감정 ······ 13

I -2 유산양 사육의 특성 ······ 15

I -3 산양의 축사 ······ 17

1. 파이프하우스 ······ 17
2. 옥외설치 축사 ······ 19
3. 창고를 활용한 축사 ······ 19
4. 산양의 먹이 ······ 20

I -4 유산양 산업과 친환경 축산 ······ 22

1. 친환경 유기축산의 정의 ······ 23
2. 유기축산을 위한 유산양 사양 ······ 24

I -5 친환경축산물의 생산과 인증 ······ 26

1. 유기축산물 인증절차 ······ 26
2. 유산양 산업의 발전방안 ······ 28
3. 세계 각국의 생태관광 개황 ······ 29

제Ⅱ장 알아 두어야 할 산양의 습성 ········· 32
1. 산양은 본능적으로 사람에게 친숙함을 나타내며 다채로운 행동을 즐긴다. ········· 32
2. 산악지대가 주경로인 탓으로 민첩하고 산타기가 매우 능숙하다 ········· 33
3. 동료와 순위경쟁을 하고, 무리에게는 반드시 리-더가 있다. ········· 34
4. 신체언어로서 서로 전하며, 종을 남기기 위한 본능도 강하다. ········· 35

제Ⅲ장 알아 두어야 할 산양기르기에 관한 사전지식 ········· 36
1. 산양을 기르기 전에 ········· 36
2. 산양의 먹이의 확보 ········· 37
3. 만일의 경우를 대비한다. ········· 37

제Ⅳ장 산양사육의 초보자를 위한 Q & A ········· 39
1. 가장 기초적인 질문 ········· 39
2. 먹이에 관한 질문 ········· 42
3. 산양의 생활하는 장소와 생활에 관한 질문 ········· 43
4. 산양의 임신 출산에 관한 질문 ········· 44
5. 새끼산양에 관한 질문 ········· 46
6. 새끼산양의 질병 장애에 관한 질문 ········· 47

제Ⅴ장 산양의 기원과 품종 ········· 49
1. 산양의 기원 ········· 49
2. 산양의 품종 ········· 50

제Ⅵ장 세계의 산양사육 현황 59

1. 세계 산양 사육 현황 59
2. 국내 산양 사육 현황 61

제Ⅶ장 산양의 보급경로와 활용 66

1. 산양의 보급경로 66
2. 산양의 활용가치 68

제Ⅷ장 산양의 개량 71

1. 품종개량의 필요성 71
2. 유산양의 비유능력검정 71
3. 유산양의 후대검정 72

제Ⅸ장 건강한산양의 점검포인트 74

1. 건강한 산양 분양을 위한 점검포인트 74
2. 이동시 주의점 76

제Ⅹ장 산양 잘 기르는 방법 77

1. 산양의 축사 만드는방법 77
2. 산양의 먹이 만드는 방법 79
3. 산양에게 먹이주는 법 82
4. 산양 길들이기와 돌보기 84
5. 산양 사육카렌다와 산양의 일생 92
6. 산양의 번식과 출산 95
7. 산양의 자연포유와 인공포유 98
8. 산양의 사후처리: 가축위생시험소의 담당자 자문 100

제XI장 산양의 질병과 처치법 ······ 102

1. 건강관리: ······ 102
2. 위장염 ······ 104
3. 제1위식체 ······ 105
4. 급성고창증 ······ 106
5. 중독증 ······ 107
6. 변비 ······ 108
7. 감기 폐렴 ······ 109
8. 열사병 ······ 110
9. 요마비 ······ 111
10. 기생충증 ······ 112
11. 염전위충 ······ 112
12. 조충증 ······ 113
13. 외부 기생충증 ······ 113
14. 유방염(mastitis) ······ 114
15. 관절염 뇌염(CAEV : caprine arthritis encephalitis virus) ······ 115

제XII장 산양으로부터 받는 여러 형태의 혜택들 ······ 117

1.1. 산양유의 레시피 ······ 120

참고문헌 ······ 129

부록 ······ 133

머 리 말

어린 시절, 시골 할머니댁에 놀러 가서 까만 염소와 함께 흰 산양을 돌보고 갓짜서 따끈하게 끓인 산양유를 마셔본 기억이 있는 분들이 많으실 줄로 안다. 1950년대까지 우유나 계란이 귀중한 축산물이었던 시절 산양은 농촌 어디에서나 볼 수가 있었으며, 매우 다양하게 활용가치가 높았던 동물이었다. 학교에서 돌아오면 집에서 기르는 토끼, 산양, 닭, 개 들을 돌보는 것이 중요한 일과 중의 하나였으며, 주변의 풀을 뜯어 토끼, 산양에게 먹이를 주면서 데리고 놀던 일도 즐거운 추억 중의 하나로 남아 있다.

그러나, 오늘날의 한국 축산은, 사료의 대부분을 수입에 의존하고 있으며, 다른 한편에서는 노령화 및 농촌의 공동화로 인한 경작포기지가 늘어나 황폐화되어 문제가 되고 있다. 좁은 토지 자원을 이용하지 않은 채, 세계적으로도 혜택받은 온화한 기후 속에 먹을 것을 국외수입에 의존하고 있는 대한민국이라고 하는 나라는 먹거리의 본질을 이해하고 있지 못한 것처럼 생각된다.

그러던 것이, 최근 들어서, 자급자족을 비롯해, 헛된 소비를 하지 않고 "스스로 해결할 수 있는 생활"을 추구하는 경향이 증가하고 더욱이 도시의 중장년층 귀농인이 증가하면서, 최근 또다시 "산양기르기"가 관심을 받고 있다. 특히, 전세계적으로 가장 널리 사육되고 있는 산양의 품종인 유용종은 비교적 소규모 농가에 있어서 젖이나 그 외 치-즈 등을 자급할 목적으로 사육되며, 일반적으로 "빈농의 젖소(Poorman's cow)"라 일컬어지기도 한다(Omondi et al., 2008). 또한 유산양은 다른 가축, 특히 대가축에 비해 기르기 쉽고, 성격이 온순하기 때문에 6차산업으로서의 체험학습 관광목장을 조성하는데 있어 매우 적합한 가축으로서 생각되고 있다.

6차산업화와 축산업의 융복합화 전략에 있어서의 유산양 사육의 많은 장점은 이제 정부의 농축산정책에서도 관심을 받을만큼 공감대를 형성하고 있긴 하지만, 아직 국내 유산양 산업의 활성화에 대한 구체적인 방안에 대한 정보나 노력은 크게 부족한 실정이다.

본서는, 유산양 사육 희망자의 증가 추세에 호응하여 그러한 분들의 좋은 지침서로서 유산양과 동반자로서 생활하기 위한 방법과, 유산양 잘기르는 방법 및 산양유를 비롯해 유산양이 우리에게 주는 혜택 등을 중심으로 보다 새로운 기술을 보급하려는 뜻으로 발간하게 되었다. 본론에 들어 가기에 앞서 산양이란 어떠한 동물이며, 그 산양의 습성이 무엇인가에 대해 먼저 알아보도록 한다.

제 Ⅰ 장 유산양의 특성과 유산양 사육의 특성

Ⅰ-1 유산양의 특성

1. 유산양의 신체부위별 특성

산양이란 어떠한 동물인가? 염소라고 예로부터 불리어지며 우리들과 친근한 동물임에는 틀림없으나, 막상 생각해 보면 바로 떠오르는 어떠한 구체적 특징을 말하기가 쉽지만은 않은 것이 사실이다. 먼저

그림Ⅰ.1.1.
유산양의 신체구조

그러한 산양의 감추어진 구조적인 특징에 대해서는 품종에 따라 차이가 있으나 머리부위에서 꼬리까지 각 부위의 형태와 역할에 대해서는 현재 국내에서 산양유를 생산하기 위해 사육되는 유산양을 모델로 살펴 보면 다음의 그림과 표에서 보는 바와 같다(그림1.1.1., 표1.1.1.).

눈	가로로 긴 직사각형의 눈동자(동공)이 인상적이지만, 어두운 곳에서는 귀여운 둥근형으로 변한다. 관찰범위가 넓으며, 바로 뒤 이외에는 거의 360도에 가까운 시야를 항시 살필 수 있다.
코	생리학적으로 건강한 상태일 때는 촉촉하게 젖어 있어 말랑말랑하고 부드럽다. 먹이 등의 냄새를 알 수 있고, 익숙한 장소에서는 독초도 스스로 골라내어 피한다.
입	채식후에는 입안에서 되씹기를 위해 언제나 우물우물하고 있는 모습을 관찰할 수 있다. 위의 앞니가 없고, 잇몸과 아랫니로서 풀을 뜯어먹는다. 혀는 코까지 내밀 수 있다.
수염	새끼산양은 수염이 거의 없고 자라지 않으며, 생후6개월경부터 자라기 시작한다. 수염이 충분히 길게 자라는 1살경이 되어 축 늘어지면서 우리가 보는 형태가 된다.
목밑살	목부위 양옆에 생긴 근육덩어리. 한쪽만 생기거나, 양쪽 모두 없는 경우도 있으며 그 역할 등에 대해서도 아직 불명확하다.
발굽	발달한 중지와 약지의 두발굽이 나 있다. 바위가 많은 경사진 바위산에서도 밟고 오르내릴 수 있어 산타기가 용이하다. 다만, 발굽은 계속해서 자라므로 너무 길게 자랐을 경우에는 깎아 주어야 한다.
귀	매우 민감하고, 작은 소리에도 곧 알아 차린다. 소리에 반응하여 쫑긋하고 움직이며, 위험을 탐지하는 안테나와 같은 역할을 하고 있다.
뿔	뿔은 없는 산양, 즉 무각산양도 있다. 다두사육하는 경우에는 뿔로 다른 산양을 상처입히는 경우도 있을 수 있으므로, 태어난 직후 제각하여 주는 것이 좋다.
털	짧고 꼿꼿한 흰 털로 덮혀 있으며, 털갈이를 하고, 여름털은 까칠까칠하고, 겨울철은 푸석푸석하다. 초봄에 여름털로 털갈이를 한다.
꼬리	털로 덮혀 그다지 길지 않고, "삥"서 있고, 꼬리를 흔들고 있을 때는, 개의 경우와 같이 기분이 좋다는 신호이다.
배	산양은 4부분으로 구분되는 위를 갖고, 첫번째 위에 미생물이 살고 있다. 좌측에 있으므로 식사후에는 좌측이 부풀어 오르는 것을 볼 수 있다.
유방	산양의 유방에는 젖꼭지가 2개. 출산1개월전부터 착유하는 동안에는 크게 부풀어져 있다. 유용종에서는 땅에 닿을 정도로 늘어진다. 품종에 따라서는 곁꼭지를 갖는 경우도 있다.
무릎	능숙하게 뒷발로 서서 높은 곳의 먹이를 먹는다. 점프높이가 높으므로 낮은 방책같은 경우는 긴단히 뛰어 넘어 버릴 수 있다.
목	목줄을 하면 붙들거나 다루기가 쉽다. 일반적으로 목이 길고, 머리부터 어깨로의 연결선이 매끄러운 산양이 좋은 산양이라고 평가된다.
명찰	개체를 구별하기 위해서는 명찰을 매다는 경우가 많다. 다두 사육의 경우는, 명찰의 색으로 암수를 나누어 구별하면 관리하기에 편리하다.

표 I.1.1. 유산양의 각 신체구조의 특성과 역할

2. 유산양의 생리학적 특성

○ 유산양의 혈액화학치 : 학자들과 품종에 따라 다소 차이가 있으나 다음과 같다.

1) 혈액량 : 65~70mℓ/kg
2) 적혈구수 : 12~20 × 10^6/㎣
3) PCV(혈구용적비 또는 헤마토크릿토치) : 24.0~48.0%
4) 백혈구수 : 9.57~12.8 × 10^3/㎣
5) 혈액의 비중 : 1.040~1.048
6) 혈액의 pH : 7.27~7.46(정맥혈), 7.31~7.46(동맥혈)
7) 혈소판수 : 50.0 × 10^4/㎣

○ 생리적 수치

1) 심장박동수 : 60~80／min
2) 혈압 : 수축기혈압 120(112~126)mmHg,
   확장기혈압 84(76~90)mmHg
3) 체온(직장온) : 38.5-39.7(평균39.1)℃
4) 생체의 수분함유량 : 체중의 약 67%.
5) 요배설량 : 0.5~2.0L/day
6) 요의 성상 : 황색의 액체, pH7.0~8.0, 비중 1.015~1.045
7) 분 : 흑색, 직경 약 0.5~1.0cm의 건조한 펠렛형태
   (연평균 배설량 : 약 750kg, 60kg 성축기준)

3. 유산양의 비유(泌乳)능력

유산양 사육을 시작하려는 사람들의 가장 큰 궁금증 중의 하나는 하루에 얼마만큼의 착유가 가능하고 또한 얼마의 소득을 올릴 수 있는가일 것이다. 하지만 그것에 대한 대답은 쉽지 않다. 그 물음은 한 필지의 농지에서 얼마의 곡물을 수확할 수 있는가란 질문과 같기 때문이다. 곡물의 수확량은 종자로 사용하는 품종뿐만 아니라 토양의 질, 기상환경, 비료 사용량, 잡초나 해충의 영향은 어느 정도인가 등 매우 다양한 요인에 의해 영향을 받을 수 있을 것이다. 소득 또한 시장이 처한 상황에 따라 변화가 많을 것이다.

마찬가지로 유산양의 비유능력은 여러 요인에 따라 영향을 받는다. 일반적인 통계수치는 각 품종별 특성에서 열거하였으므로 참고할 수 있을 것이며, 사육을 준비하는 사람은 몇 가지 비유특성을 먼저 이해하여야 한다.

비유곡선은 어미산양이 새끼양을 분만한 후 시일이 경과함에 따라 각 기간별 비유량이 어떻게 변화 하는가 표시하여 주고 있다. 즉 분만 후 비유량이 점차 증가하기 시작하여 분만 후 약 9~12주 후에 비유량이 가장 많아지고, 그 후 시일이 경과함에 따라 차츰 감소하기 시작한다. 정상적인 임신축의 경우 연중 300일 정도 착유를 하고, 2개월 정도 건유하는 것이 모축 및 신생축 관리에 바람직하다. 유지율 및 무지고형분의 함량은 분만 직후에 높으나 시일이 경과함에 따라 차츰 저하되고, 비유 말기에 비유량이 감소하게 됨에 따라 유지율 및 무지고형분의 함량이 다시 상승하는 경향이 있다.

유산양은 비교적 조숙하는 가축이어서 대체로 2~4산 때 비유량이 가장 많고 초산을 하였을 때는 2~4산 때의 최고유량에 비하여 95% 정도의 젖을 생산한다. 그러나 4산 이후 비유량은 차츰 감소하기 시작하여 6~7산 때는 비유량이 가장 많은 2~4산 때의 80% 정도로 떨어진다. 젖소에서는 만 5~6세에 이르러 비로서 최고유량에 도달된다는 점과 비교하여 볼 때 산양은 최고유량에 비교적 일찍 도달된다는 것을 알 수 있다.

이와 같이 비유량은 여러 요인들에 의해 변화한다(Ricordeau, G., 1991 b). 때문에 사육자는 개체별 기록유지가 필수적이다. 철저한 기록에 근거하여 종축개량 및 번식주기조절이 이루어질 때 비유량이 높은 우수혈통의 유지와 연중 균등한 원유공급으로 안정적인 소득을 보장받을 수 있을 것이다.

4. 유산양의 연령감정

산양의 평균 수명은 12~15년이며, 그 중 착유용으로 사육하기에 적당한 경제수명은 5~8년 정도이다. 때문에 경제적 가치를 고려하기 위해서는 연령감정이 필요하다. 산양도 뿔의 주름에 근거하여 연령감정을 할 수 있지만, 뿔의 주름은 임신과 관련되어 형성되므로 암컷에서만 가능하고 뿔이 없는 개체에 대하여는 이 방법을 이용할 수 없다. 그러므로 산양에서도 치(齒)에 의한 연령감정이 가장 편리하고 비교적 정확하다. 산양의 치식은 다음과 같다.

(윗턱)	3	3	0	0	0	0	3	3	
(아래턱)	3	3	0	4	4	0	3	3	
(좌측)	후구치	전구치	견치	절치	절치	견치	전구치	후구치	(우측)

즉, 절치는 아래턱에만 8개 (좌측에 4개, 우측에 4개), 견치는 없고 전구치와 후구치가 각각 아래턱에 6개 윗턱에 6개로 총 32개의 이를 가지고 있다. 절치는 풀을 자르는데 이용되고, 구치는 풀을 씹는 데 이용 되는데, 연령감정은 절치만 가지고 실시한다.

1세 이하의 어린 산양에서는 절치 8개가 전부 유치로 되어있으나(1살), 생후 12~18개월이 되면 겸치 2개가 영구치로 바뀐다(2살). 생후 24~27개월이 되면 내중간치 2개가 영구치로 바뀌어 영구치의 수는 전부 4개가 된다(3살). 만 3~3.5세가 되면 외중간치가 영구치로 바뀌어 절치 중 유치는 좌우측 1개씩 2개, 영구치의 수는 전부 6개가 된다(4살). 만 4세가 되면 우치가 영구치로 바뀌어 절치 8개가 전부 영구치로 바뀌게 된다(5살). 따라서 절치의 이갈이 상태를 조사하여 그 개체의 연령을 추정할 수 있다.

만 4세 이후에는 연령감정이 곤란해지나 4세 이후부터는 나이가 들수록 절치의 마모가 심해져 10살 전후에는 절치는 거의 전부 마모되어 둥글게 변하므로 나이를 추정할 수 있다. 또한 그전에 만 7~8세 때부터 이 사이가 벌어지기 시작하고 다시 나이를 더 먹으면 흔들리는 이빨이 생기고 절치가 하나 둘 빠지기 시작한다.

이상과 같은 치아 감별도 사료의 종류, 영양상태, 초지의 상태 등에 따라 어느 정도 차이가 있을 수 있다. 예를 들어 굳은 먹이를 먹는 산양에서는 이가 빨리 닳아 버리거나 빠지게 된다(Jaudas, U. 1989).

I-2 유산양 사육의 특성

유럽 등지에서 사육되고 있는 사양은 주로 유용종이며, 비교적 소농에 있어 젖이나 그 이외에 치즈 등을 자급할 목적으로 사육되며 일반적으로 "빈농의 소(Poorman's Cow)"라고 일컬어지기도 한다. 우리나라에서 사육되는 유산양은 육용종에 속하는 재래산양인 흑염소와 같은 종에 속하지만, 국내에서는 스위스 자아넨과 흑염소를 교잡하여 주로 젖을 생산할 목적으로 1974년에 한국자아넨종으로 개량된 유용종 산양으로 국토면적이 좁고 산악지형이 많은 우리나라와 같은 환경에서 젖소나 말 등을 방사하기 어려운 경사지를 유용하게 활용할 수 있는 산지형 축산이 가능한 축종이라 할 수 있다. 그 사육상의 주요한 특징을 간단히 요약하면 다음과 같다.

1. 유산양은 체질이 강하며, 타종에 비해 질병에 대한 저항력이 강하고 특히 결핵균에 강하다. 또한, 환경에 대한 적응 능력이 뛰어나 세계적으로 널리 사육되고 있다.
2. 유산양은 경사가 가파르고 험한 산악 지형에서도 방목이 가능하고, 대가축인 젖소낙농에 비해 조사료 자급율이 높고 분뇨의 처리가 보다 용이하다는 장점이 있다. 특히, 분뇨의 현지방목초지로의 환원이 용이하여 분뇨로 인한 환경오염을 거의 유발시키지 않으므로 친환경축산으로서의 이용가능성이 매우 높은 축종이다.
3. 유산양은 성질이 온순하며 체구가 크지 않고 귀엽고 영리하여 길들이기가 용이하여 애정을 갖고 다루면 사육자를 잘 따르고 순종하기 때문에 젖소낙농 등에 비해 사육상 큰 노동력을 요

구하지 않는다는 장점이 있다. 반면 원유생산량의 효율성 측면에서 젖소에 비해 훨씬 많은 개체수를 요하므로 잔손이 많이 필요하다.

4. 유산양은 타 가축에 비해 소화흡수율이 다른 반추 가축들에 비해 상당히 뛰어나고, 식이습성이 버려진 잡관목이나 낙엽, 솔잎, 가시덩굴 등 가리지 않고 잘 먹지만, 유난히 깨끗한 것을 좋아하며 같은 사료에 쉽게 싫증을 느끼는 면도 있는 가축이다. 따라서, 축사 바닥이나 축사 내의 청결한 관리와 함께 사료통의 청결한 관리가 반드시 필요하며, 같은 사료를 너무 오랫동안 계속해서 급여하지 말고 여러 가지를 골고루 섞어 급여하는 것이 필요하다.

5. 유산양의 분은 수분함량이 매우 적으며, 마치 콩알 모양으로 뭉쳐있어 처리하기가 용이하며, 분뇨에 의한 환경오염취를 발생시키지 않는다. 또한 타 축종의 분뇨에 비해 농후하여 발효가 잘 이루어져 시비효과가 아주 높으므로 채소재배용 유기질비료로 사용하면 매우 좋은 효과를 볼 수 있다. 60kg 성축유산양 1 두의 연평균 배설량은 약750kg정도이다.

6. 숫산양의 경우 암산양에 비해 특유의 강한 산양취를 가지고 있으며, 이것은 번식계절에 있어 종축으로 사용하는 숫산양에 있어 강하다. 따라서, 숫산양은 착유축 및 착유시설과는 격리시켜 사육하여 산양유 원유에 산양취가 흡착되는 것을 예방하는 것이 필요하다.

Ⅰ-3 산양의 축사

산양이 살기 위한 산양의 집은 산양의 성질을 잘 이해하고 나서 제작할 필요가 있다. 산양이 싫어하는 습기와 더위, 그리고 비를 잘 피할 수 있는 쾌적한 공간을 만들도록 하자. 또한, 그러한 축사에 관해 소개하기에 앞서 다음과 같은 마련할 장소의 확보가 중요하다. 즉, 산양이 휴식을 취하기 위한 산양축사의 넓이는, 산양의 체격에 따라 결정되지만, 1마리당 적이도 약 2㎡의 넓이가 필요하다 (Solaiman, S.G. 2010.). 그리고 외양간 외에, 운동을 할 수 있는 장소를 마련하는 것도 중요하다. 담으로 둘러싸인 마굿간과 같은 운동장을 만들든가, 넓은 곳으로 산양을 데리고 나가, 묶어 둘 수 있는 장소를 확보해 둔다. 마굿간의 경우, 1마리당 7~8㎡의 면적이 필요하다. 산양을 데리고 나갈 경우, 넓으면 마당에서도 상관없지만, 밖으로 나갈 경우에는 산양으로서는 위험이 없는 차나 사람통행이 적은 초원이나 제방을 택하도록 한다. 그 장소로 이동할 때까지에도 들개 등의 위험이 없는가를 확인하여 두는 것도 중요하다. 10두 미만의 사육시 여유가 있는 부지가 있다면 축사와 운동장을 마련하고 운동장에는 오르락내리락 하며 스트레스를 풀 수 있는 놀이기구를 비치하면 좋다. 유산양을 몇 두 정도만 사육하는 경우에 가장 쉽게 설치할 수 있는 파이프하우스 형태의 축사에 대해 소개하기로 하고, 옥외설치 및 창고를 활용한 축사에 관해 설명한다.

1. 파이프하우스

일반적인 3가지 형태의 산양축사 중 유산양을 십여 두 정도 사육하는 경우에는 제작 경비가 비교적 적게 들고, 조립도 간단한 파이프하우스를 개량하는 것을 추천한다. 일조량이나 통풍을 고려하여 출입구를 결정하는 것이 중요하다.

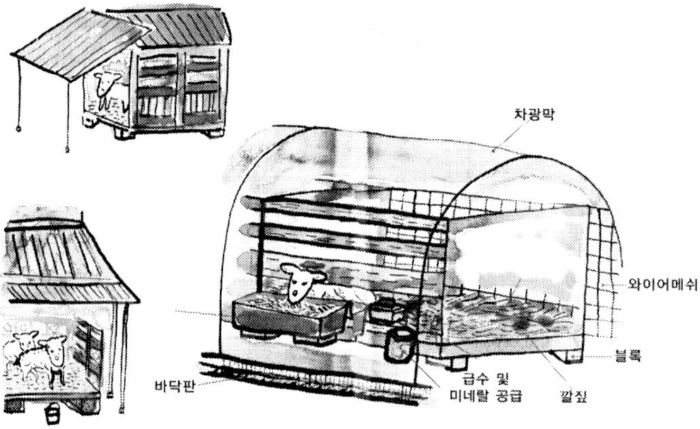

그림I.3.1.파이프하우스(今井明夫´ 2011에서인용)

차광막	산양은 더위에 그다지 강하지 않으므로, 직사광선을 피할 필요가 있다. 파이프하우스의 경우는, 윗쪽을 차광막으로 카바한다.
와이어메쉬	철선을 쇄철망으로 용접한 와이어 등으로, 통풍이 잘 되게 한다. 겨울장은 콘바네야시트로서 덮쳐오는 비바람을 막아준다.
블록	산양은 습기에 약하므로 콘크리트 블록 등으로 바닥으로부터 약 30㎝정도 올라오게 하여, 높은 위치에 거주공간을 만들어 주는 것이 좋다.
바닥판	바닥판을 폭이 좁은 널빤지로 조금씩 빈틈을 두고 차이가 뜨게 하여 빗물 따위가 고이지 않게 툇마루처럼 깔아 준다면 통기성이 좋고, 습기를 싫어하는 산양이 생활하는데 있어 매우 유익하며, 그 간격 사이로 배설되는 분이나 오줌이 떨어지기 쉬워져 청소가 매우 용이하게 된다.
깔짚	산양의 잠자리를 편안하게 하여 주고, 습기 방지에도 큰 역할을 한다. 볏짚이나 왕겨가 일반적이며, 분이나 뇨와 함께 섞여서 모아지면 퇴비로서 이용되게 된다.
급수 및 미네랄공급	음료용 물은 엎지르게 되면 축사 내를 축축하게 적셔 버리게 되므로, 반드시 축사 밖에 급수통을 설치해 둘 필요가 있다. 급수통은 일반적인 양동이로 충분하며 하루 한 번 깨끗한 물로 갈아 주어야 한다. 또한, 목초 등으로부터 섭취하기 어려워 부족하기 쉬운 염분섭취를 위해 미네랄 블록을 보충용으로 준비하며, 미네랄블록은 축사의 오염이 없으므로 축사 내에 비치해 두어도 좋다.

2. 옥외설치 축사

한두 마리의 산양을 사육하는 경우라면, 그림에서 보는 바와 같이 작은 축사에서 사육할 수 있다. 그 기본적인 구조는 파이프하우스 구조의 경우와 거의 유사하지만 내부가 협소하므로 운동장과 연결되게끔 배려하여 운동 부족이 되지 않도록 한다.

그림I.3.2.옥외설치 축사

3. 창고를 활용한 축사

산양의 사육두수가 10두 미만인 경우라면 곡간이나 창고 등 기존의 사용하던 건물을 이용하여 축사를 설치하여도 좋다. 거주 공간의 내부 구조는 파이프하우스의 경우와 거의 유사하며, 지붕을 앞으로 씌워

그림I.3.3. 창고를 활용한 축사
(사진제공,今井明夫´ 2011)

직사광선이나 비를 피할 수 있게 한다. 부지에 여유가 있다면 운동장에 미끄럼틀과 같은 놀이기구를 설치해 두면 산양이 스트레스를 풀고, 성장발육 및 건강증진에 도움을 준다.

4. 산양의 먹이

풀이라면 무엇이라도 먹을 수 있는 산양은, 풀이 자라는 곳에서는 어느 곳이든 방목하여 사육할 수 있으므로 초기 사육하고자 하는 경우에 많은 노동력이나 자본 등을 필요로 하지 않는다. 그러나, 그렇다고 해도 조금이라도 맛있고 영양가 좋은 먹이를 구해서 주고 싶은 것이 산양을 진정으로 사랑하며 사육하고자 하는 양치기의 마음이다. 지금부터 소개하는 것들은 산양이 매우 좋아하는 풀과 주의해야 할 독성을 갖고 있는 유독식물 및 겨울철용 먹이 등에 대한 것들이다.

○ 방목 중에 먹어도 좋은 청초나 잡초(그림Ⅰ.4.1.): 클로바, 쑥, 티모시,

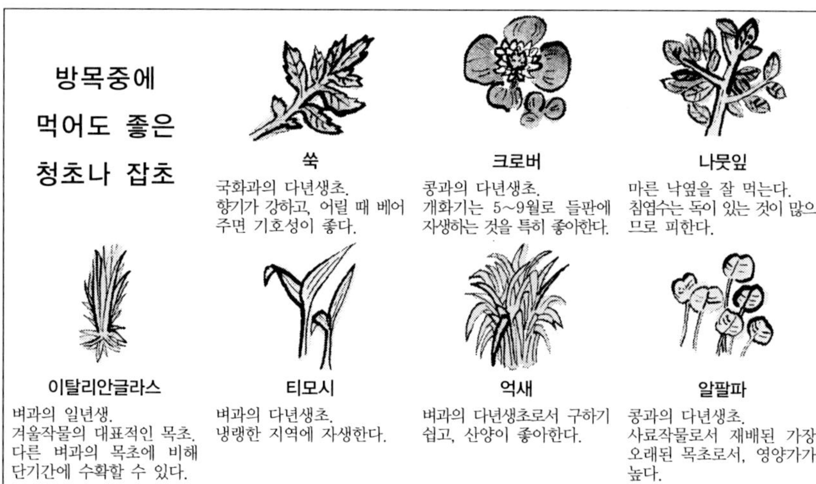

그림Ⅰ.4.1(今井明夫´ 2011에서인용)

이탈리안라이글라스, 나뭇잎(침엽수의 경우 독이 있는 경우가 많음), 알파파, 억새 등

○ 주의해야 할 유독식물(그림Ⅰ.4.2.): 자양화(장마시기에는 뿌리에 독이 함유), 철쭉, 수선화, 봉선화 등

주의해야 할 유독식물

나팔꽃

쌍떡잎식물 통화식물목 메꽃과의 한해살이 덩굴식물. 인도가 원산지인 한해살이 덩굴식물. 잎이나 열매에 강한 독성이 있다.

자양화

장마때에 피는 식물. 봉우리나 잎, 뿌리에 독성이 있고, 경련이나 마비 등을 일으킨다.

수선화

내한성의 구근초. 초봄에 피는 식물. 풀전체에 모두 독성이 있다. 축사 근처에는 보이면 모두 제거하는 것이 좋다.

철쭉

초봄에 피는 식물. 꽃이나 잎, 뿌리에 독성이 있다. 철쭉과의 식물은 모두 주의가 필요하다.

그림Ⅰ.4.2(今井明夫´ 2011에서인용)

○ 산양에게 줄 수 있는 식물류(그림Ⅰ.4.3.): 콩잎 또는 줄기, 사과 등

산양에게 줄 수 있는 식물류

판매치 못하고 상품성이 떨어진 배추, 양배추 등

이들 농산물들은 영양가는 떨어지지만 산양은 매우 좋아한다.

월동용 야채

흙이나 눈속에 묻어 보존하고 있다가 남은 야채도 산양은 매우 좋아한다. 단, 독이 있는 감자의 싹은 주어서는 안된다.

요리에서 남은 야채

가정요리시 남은 야채, 또는 잎이나 뿌리, 줄기 부분 등을 주어도 좋다. 여름야채는 영양가가 높다.

콩잎 또는 줄기

콩수확후의 줄기나 잎은 부산물로서 이용. 콩과는 영양가가 높고, 기호성도 높은 것이 많다.

옥수수

영양가와 기호성이 높다. 줄기나 잎은 당분이 많고, 유산발효가 용이하며, 사일레지에도 좋다.

과실류

사과, 메론을 좋아한다. 먹기좋은 크기로 잘라 준다. 상처입기 쉬운 과일은 피한다.

쌀겨

단백질이나 미네랄 등이 풍부하게 함유되어 있지만, 지방이 탄 것은 유해하다.

쌀부스러기

먹을 수 있는 음식으로서 유통할 수 없고, 가공식품 등에 사용하는 쌀부스러기를 먹이로서 주어도 좋다.

그림Ⅰ.4.3(今井明夫´ 2011에서인용)

과일찌꺼기, 겨울용야채, 상품가치가 떨어져 판매치 못한 배추 등의 농산물, 쌀부스러기, 쌀겨, 옥수수(줄기와 잎은 당분이 많고 유산 발효하기 쉽다. 사일레지에도 좋다.

○ 대표적인 겨울철 먹이(그림1.4.4.): 배합사료 등(영양가가 높은 사료가 필요한 임신축, 착유축에게 급여), 건초(어린풀이나 야초는 영양가가 높으므로 베어서 말려서 눌러만든다), 사일레지(사료작물을 사이로에서 저장. 작물에 부착된 유산균의 작용으로 사료를 발효시켜 만든다)

대표적인 겨울철 먹이

건초

어린풀이나 야초는 영양가가 높으므로 날씨가 좋은 날에 베어서 말려서 눌러 만든다.

배합사료

영양가가 높은 사료가 필요한 임신축, 착유축에게 급여하면 좋다.

사일레지

사료작물을 사이로에서 저장. 작물에 부착된 유산균의 작용으로 사료를 발효시켜 만든다)

그림I.4.4(今井明夫´ 2011에서인용)

I-4 유산양 산업과 친환경 축산

현대 산업의 발달에 따른 에너지 소비의 증가와 무분별한 개발, 날로 심각해져가는 화학물질의 남용은 자연의 파괴와 함께 우리의 안전마저 위협할 만큼 우려할 수준에 이르고 있다. 그러한 심각성에서 볼 때 앞으로의 지속적인 산업발전이 가능하기 위해서는 다른 무엇보다도 환경보전이 우선시 되어야 한다는 것은 명백하다.

전 세계적으로 환경파괴를 예방하기 위한 노력이 광범위하게 진행되고 있으며, 아울러 오염물질 배출에 대한 규제 또한 엄격해지고 있다.

다행스럽게 그동안 우리나라의 친환경 운동은 폐기물처리, 농업, 산림보존 등 다양한 형태로 진행되어 오고 있다. 그 중에서 친환경 농업 분야는 정부의 일관된 정책지원과 생협단체의 적극적인 참여 및 소비자들의 호응에 힘입어 꾸준하게 발전하고 있다.

1. 친환경 유기축산의 정의

유기농업은 환경보전과 국민건강 및 농촌경제발전을 위해 우리가 지향해야 할 선진농업이다. 유기농업의 주요한 핵심은 지역내 유기 순환 시스템과 지역내 직거래 시스템을 동시에 추구한다는 점이다. 지역내 유기 순환 시스템의 경우 농업생산부문은 사료의 형태로, 축산부문은 퇴비의 형태로 유기물 공급에 있어서 상호 보완관계의 이점을 가지게 된다. 또한 지역내 직거래 시스템의 경우 추진주체인 조직화된 생산자 단체가 농산물의 생산, 가공, 유통 및 저장을 담당하고, 지역내 농산물 직영판매소 및 농협매장을 이용하거나 또는 소비자단체와의 직거래 등을 통해서 판로가 확보될 수 있다. 최근 세계적으로 구제역, 조류독감, 광우병 등 인간에게 치명적인 위해를 가할 수 있는 질병의 발생은 안전한 먹거리에 대한 소비자의 관심을 더욱 크게 하여 주었으며, 이에 따라 유기축산물, 즉 유기농산물의 재배 · 생산 기준에 맞게 생산된 유기사료를 급여하면서 인증기준을 지켜 생산한 축산물에 대한 수요는 지속적으로 증가할 것이다.

국내 친환경농업육성법에 의한 유기농업은 “화학비료, 유기합성농약, 가축사료첨가제 등 일체의 합성 화학물질을 사용하지 않고 유기물과 자연광물, 미생물 등 물리적, 미생물적으로 제조된 자재만을 사용하여 농축산물을 생산하는 농업"으로 정의된다. 즉, 유기축산은 수정란이식이나 형질전환과 같은 인위적인 조작을 거치지 않고 증식시키며, 유기적인 방법으로 생산된 사료를 급여하고, 또한 공간, 위생 등 적절한 사육환경이 제공되며, 화학적인 가축약품의 처방을 금지한 상태에서 사육하는 축산이라 요약할 수 있다. 그와 같은 사양관리기법으로 생산된 축산물을 유기축산물이라 할 수 있는데, 진행과정에 따라 유기(농)축산물, 전환기유기(농)축산물, 무농약농산물, 저농약농산물로 구분한다. 한편, 2005년 후반기에 상기 유기축산물의 분류체계를 단순화시키면서 무항생제축산물을 신규로 지정하려는 친환경농업 육성법 개정 노력이 시도되고 있다. 정부는 21세기에 들어서면서 축산업으로 인한 환경오염을 줄이고 환경보전 기능의 증대와 아울러 유통과정에서의 신뢰구축으로 친환경축산물 생산·공급체계를 확립코자 친환경축산물 인증제도를 도입하게 되었으며 2014년 이를 담당하는 전문인증기관인 축산물안전관리인증원(HACCP)이 설립되어 엄격한 기준으로 생산자로부터 생산되는 모든 축산물들에 부록에 첨부한 바와 같은 지정심사 방법에 따라 선별､검사하여 유기축산의 과정을 통하여 생산된 산물로서 인증하는 유기축산물로서 인증을 하게 하며, 동시에 유기축산물로 표기할 수 있도록 하였다.

2. 유기축산을 위한 유산양 사양

우리나라 유기축산이 정착되기 위해서 해결되어야할 가장 큰 문제점은 유기축산의 기본이 되는 사료의 자급과, 분뇨의 처리 및 환원 문제이다. 첫째, 사료자원의 자급에 있어서는 경작지의 협소함과 고가의 생산비용을 고려하여 볼 때 비교적 단위 면적당 생산성이 낮은 유기재배방법에 의한 유기사료의 생산은 제한적일 수밖에 없다. 따라서 배합사료에 대한 의존도가 낮고 조사료 이용율이 높은 유산양은 자연방목사육을 활용하여 효과적으로 유기축산을 진행할 수 있다. 다음으로, 모든 가축의 분뇨는 썩거나 발효되어 최종적으로는 유기자원으로 환원되는데 그 과정이나 소요기간은 가축의 종류에 따라 매우 다르다. 일반적으로 돼지나 닭의 경우에 비하여 초식가축으로 방목이 가능한 젖소의 분뇨처리가 보다 용이하다고 할 수 있는데, 현실적으로는 많은 어려움을 안고 있다. 국내 젖소 낙농은 대부분 가두리형 집약사육에 의존하고 있으며, 일부 방목장이 있더라도 협소한 국내초지면적의 여건상 과방목이 이루어질 수밖에 없기 때문에 대가축인 젖소의 방목은 초지관리가 매우 어렵다. 즉, 불량한 초지상태는 젖소의 지속적인 방목을 불가능하게 하여 조사료문제와 함께 분뇨처리문제를 재발시키게 된다. 이에 비하여 유산양은 체구가 작으면서도 경사지형에서 사육 가능한 특성이 있기 때문에 충분한 방목면적의 확보가 용이하고 또한, 작은 알갱이 형태로 흩어져 배설되는 배설물은 초지를 손상시키지 않고 오히려 용이하게 환원되어 유기자원이 되므로 초지관리에 효과적이다. 경사형 산지를 생산적으로 활용할 수 있으면서도 환경오염을 유발시키지 않고 분뇨를 현지 초지에 환원시킬 수 있는 유산양 축산은 친환경 유기축산으로서 매우 바람직하다.

유기축산을 위한 유산양 사육은 대규모화 보다는 현지 초지여건에 맞는 적정 두수의 사육이 중요하며, 개체관리가 가능할 수 있도록 부부노동력의 경우 착유두수 1백 두 이내의 중소규모가 적합하고 적용이 용이하다.

Ⅰ-5 친환경축산물의 생산과 인증

친환경 축산물 인증에 필요한 구비서류를 비롯하여 개체관리를 위한 사양관리일지 양식을 부록에 첨부하였다.

1. 유기축산물 인증절차

유기축산물의 인증은 신청 → 심사계획(수립 · 통보) → 심사(서류 · 현장심사 · 추적조사) → 심사결과보고 → 위원회 심의판정 → 인증서 교부(부적합시 사유통보)의 절차를 통하여 이루어진다.(부록,자료출처, haccp축산물안전관리인증원: http://www.ihccp.or.kr),

가. 신청

국립농산물품질관리원 또는 관련 인증기관에서 요구하는 유기축산 입증자료를 첨부하여 친환경농산물 인증신청서를 접수한다. 인증심사에 필요한 관련자료는 부록에 첨부한 바와 같다

나. 심사

인증 검사원은 신청서를 접수한 후 친환경농업육성법령에 근거하여 인증적부를 심사한다. 주요 검사항목은 가축, 축사, 토양, 사료, 사양관리, 분뇨처리 및 이와 관련된 기록일지를 검사한다.

① 토양검사

- 시료채취지점은 각 필지당 10개소 이상으로 하며, 농업통계조사에서 사용하는 표본구 선정방법에 따라 선정한다.
- 시료채취지점은 지표에서 밭토양은 10cm, 논토양은 15cm 깊이 까지의 흙을 각 100g씩 채취하여 혼합(1kg~1.2kg)하고, 2등분하여 1점은 시료(500g~600g)로 의뢰하고 다른 1점은

결과 통보 시까지 보관한다.

② 사료검사

- 인증 심사원은 해당 농장에 방문하여 급여되는 시료를 의뢰인과 대리인의 입회하에 적당량 수거한 후 전문검사기관에 해당항목에 대하여 검사 의뢰한다.

③ 유해잔류물질 검사

- 인증을 받은 자가 생산물을 최초로 출하하고자 하는 때에는 신청인 또는 대리인의 입회하에 시료(식육 : 500g-2개부위에서 채취, 우유/산양유 : 500ml-집유조에서 채취)를 채취하여 축산물가공처리법에 의한 축산물 위생검사기관에 의뢰하여 검사한다.
- 유해 잔류물질의 허용기준은 축산물가공처리법 제4조 제2항 단서의 규정에 의한 잔류허용기준의 1/2이하 이다.

다. 인증서 교부

국립농산물품질관리원장 또는 해당 인증기관장은 인증심사를 실시하여 법 제17조 제3항의 규정에 의한 친환경농산물의 규정에 적합한 경우 인증서를 교부한다.

라. 인증표시

인증을 받은 농가가 인증품 최초 출하시 유해잔류물질 허용기준의 1/2이하일 경우 인증표시를 하여 판매할 수 있다.

마. 유효기간 연장

인증농가는 인증유효기간 만료 30일 전까지 인증유효기간 연장신청서를 제출하여 연장받을 수 있다.

2. 유산양 산업의 발전방안

1) 유산양 산업의 육성 방향

가. 친환경 축산물 생산과 순환농업

유산양의 특장점을 최대한 활용할 수 있도록 축산분뇨의 산지 환원을 통한 순환농업과, 방목이 가능할 수 있는 충분한 초지의 조성과, 조사료를 중심으로 한 경제적인 유기사료 자급화를 통하여 친환경적이며 건강지향적인 축산물 생산이 가능하다.

나. 기능성이 높은 낙농식품의 생산

유산양 산업은

① 모유와 유사한 영양학적 특성을 이용한 유아조제식 개발,

② 소화작용이 용이한 조성물의 구조적 특성을 이용하여 실버식품 개발,

③ 바이오산업과 연계한 고부가가치의 기능성 물질을 생산할 수 있는 새로운 형태의 낙농산업으로 발전시킬 수 있다.

다. 미래 한국의 산지형 낙농산업 모델로 정착

한계농지 및 산지를 이용한 국내 낙농산업의 새로운 형태로 발전시키고, 북한지역의 낙농 육성을 위해 가장 적합한 가축인 만큼 장기적인 비전 제시를 통한 육성대책이 필요하다.

라. 산지형 관광축산

산지의 청정 이미지와 유산양 농장의 아름다운 환경 및 기능성이 높은 산양유 제품은 관광객의 유치를 가능하게 하여 지역경제를 활성화시킬 수 있는 관광자원으로 활용이 가능하다. 즉, 참여하고 체험하는 관광을 통한 도농교류의 교두보 역할로서 농촌의 삶의 질을 향

상시키고 환경을 개선시킬 수 있으며, 방문자에게는 여가활용과 자녀 교육의 기회로 활용할 수 있는 관광상품으로의 개발이 가능하다.

국내 관광축산이 성공적으로 진행 정착되기 위해서는

① 지역주민의 공동체적 협력이 지속적인 사업진행을 위해서는 무엇보다 필요하며,

② 정부의 적극적인 지원 및 육성책이 뒷받침되어야 하고,

③ 농촌체험/자녀교육, 특산물의 가공/판매, 숙박이 동일지역에서 가능한 형태로 이루어질 수 있도록 설계되어야 한다.

3. 세계 각국의 생태 관광 개황

(1) 일본

① 당일형의 생태 관광 : 도시와 농촌이 근접하여 발달된 특성상 당일형이 많다.

② 생태 관광시설의 과반수를 경영하는 지역 경영체 : 지역 경영체에 의한 시설경영이며, 1990년대 후반 이후로 행정기관 직영은 31.7%로 감소하였고, 지역 경영체가 56.9%로 증가하였다.

③ 재방문자를 중시하는 생태 관광 : 인근 주요도시나 고장주변의 이용객이 많은 중에도 낯익은 사람끼리의 교류인 재방문자의 이용이 많다.

④ 지역의 개성이나 다면적 기능을 중시한 생태 관광 : 각각의 농산어촌이 지역의 개성을 표출하려고 노력하고 있으며, 농가집단의 그룹경영은 농업진흥의 관점에서 식자재가 될 수 있는 한 자기고장 농산물을 구입하고 종업원도 자기고장 농가출신을 고용한다.

(2) 프랑스

① 전쟁으로 폐허가 된 농촌의 건축물이나 문화재를 재건하려는 움직임과 1936년의 '법령 년차 유급 휴가제'의 탄생으로 값싸게 머물 수 있는 숙박지의 수요가 높아짐에 따라 생태 관광(Green Tourism)이 활성화되었다.

② 관광지의 유형에 따라 관광상품의 이름을 서로 달리 붙였는데, 푸른 바닷가 해안에서의 관광을 블루 투어리즘(Blue Tourism), 눈 덮인 산악지역에서의 관광을 화이트 투어리즘(White Tourism), 조명이 밝은 도시관광을 라이트 투어리즘(Right Tourism), 녹음이 짙은 전원지역에서의 관광을 녹색관광(Green Tourism)이라고 명명하였다. 농가를 개축하여 저렴한 가격으로 도시민에게 제공하고, 농촌의 전통 · 문화 · 풍경을 보존하는 것을 원칙으로 생태 관광을 운영하였다.

(3) 독일

① 1960년대 후반 바이에른(Bayern)주 소규모 가족농을 중심으로 산비탈의 낙농과 축산을 관광과 연계방안을 제안한 '바이에른의 길'이 발표됨에 따라 생태 관광이 활성화 되었다. 독일은 국토 전체를 하나의 시스템으로 인식하여 자연환경을 보전하고, 농촌환경이나 문화재를 포함하여 농촌공간을 정비하며, 자발적인 마을 가꾸기를 원칙으로 하는 소농 가족중심의 생태 관광을 발전시켰다.

(4) 영국

① 1970년대 유럽에서 진행된 생태 관광을 받아들여 국민의 공동 유산인 농촌을 지키기 위해 영국 고유의 농촌스타일을 보전시

키는 것을 원칙으로 생태 관광을 발전시켰다. 특히 농산물의 과잉으로 농가소득이 줄어들자 생태 관광을 통한 농가경영의 다각화를 도모하고, 리조트형 개발을 지양하며 보전위주의 계획을 추진하였다.

② 농촌 휴양지 계획과 '농촌경관 관리인증제도(Countryside Stewardship Scheme)'를 시행하여 생태 관광사업에 참여하는 농가에 보조금을 지급함으로써 농촌경관보전의 가치를 제고하고 있다. 역사적 경관, 저지대의 평화로운 경관, 석회암지대의 초지경관, 수변의 경관, 해안선의 경관, 구릉지의 경관을 농촌의 전형적인 경관으로 선정하여 관리한다.

제Ⅱ장 알아 두어야 할 산양의 습성

산양의 매력이 재삼 각광을 받고 있는 지금, 사육에 흥미를 갖고, 기르고자 하는 사람이 늘어나고 있다. 여기에서는 그러한 산양기르기에 앞서 그 성격이나 습성을 잘 알아두도록 하자.

1. 산양은 본능적으로 사람에게 친숙함을 나타내며 다채로운 행동을 즐긴다.

현재 우리 주변에서 흔히 볼 수 있는 산양은, 단순히 산양유를 생산 공급하는 역할을 하는 것으로 알려져 있지만, 이웃 일본이나 선진외국의 경우에는 축산업 이외에도 여러 분야에 있어서 많은 역할을 하여왔다. 국내에서도 최근들어 그 귀여움과 온순함이 인기를 얻고 있어 지역에 따라서는 체험 관광에 활용코자 하는 움직임을 보이고 있기도 한다. 야생산양은 경계심이 강하고, 사람을 보면 도망치려고 하는 반응을 보인다. 하지만, 길들여진 산양은 온순하고 사람에게 친숙하다. 본능적으로 산양은 자립심이나 호기심이 강하기 때문에, 사람을 보면 흥미를 갖고 먼저 접근하는 경우도 적지 않다. 새끼산양 때부터 기르면, 성축이 되어도 변함없이 친숙함을 보여준다. 단, 개의 경우와 같이 사람을 개별적으로 기억하는 것이 아니고, 먹이를 주는 사람이라고 하는 정도까지 인식하는 것으로 알려져 있다. 이름을 지어서 부르면, 울어 대답을 하거나 다가오는 것처럼 되는 적은 있다. 성격은 개체에 따라 크게 다르다. 의연한 타입에서 응석받이 타입, 사람과 접하는 것을 좋아하는 타입, 반대로 겁쟁이 타입 등 여러 형태이고 행동패턴도 다양하므로, 여러 마리를 기르면 그 차이가 명확하고 흥미롭다고 말하여진다. 국내의 유산양인 한국 쟈-아넨종과 전통재래종인 흑염소(V장 참조)에서는 성격이 확실하게 다르다.

2. 산악지대가 주경로인 탓으로 민첩하고 산타기가 매우 능숙하다

황무지나 산악지대를 주경로로 하는 산양은, 생각하는 이상으로 운동능력이 뛰어나다. 자주 가파른 언덕이나 깎아지른 듯한 절벽 등도 태연히 뛰어 달리는 야생산양이 관찰되지만, 발굽이 둘로 갈라져 있으므로 경사에도 버틸 수 있고, 평형감각을 갖추고 있으므로 민첩하게 움직일 수 있는 것이다. 활발하게 높은곳에 오르고 싶어하는 습성이 있어, 평지에서 기르고 있어도, 높은 곳이나 작은 상자라도 발견하면 앞다리를 걸치고 높은 곳으로 올라 가고 싶어한다. 이것은 산악지대출신이라는 것이 외적으로부터 몸을 지키려고 하는 본능적인 행동 반응으로 나타난 것이라고 추정된다. 짧은 하초나, 관목, 새싹, 어린가지부터 나뭇잎이나 나무껍질까지 산양의 먹이가 된다. 더욱이 산양은 소나 면양이 먹을 수 없는 가시관목까지 먹을 수 있기 때문에, 황무지나 초원이 부족한 지역에서도 번식하여 왔다. 초원식물이 없어지거나, 사료가 부족한 토지에서는 나무에 올라 윗편의 어린가지나 나뭇잎을 먹는 적도 있다. 터어키 남동부의 반사막지대에서는, 다수의 산양이 아루간 나무에 올라 종지킴이가 되어 있는 풍경을 자주 볼수 있다(Aich, A.E. 2003).

그림Ⅱ-3(Aich, 2003에서 인용)

3. 동료와 순위경쟁을 하고, 무리에게는 반드시 리-더가 있다.

산양의 무리는 동료끼리에서 분명한 우열을 짓고, 리-더를 결정해 간다. 특히 수컷산양은 힘도 강하고,천성이 거친 것이 많다. 먹이를 먹는 경우에도, 사료채식경쟁이 심하고, 먹을 수 없는 개체가 나오기 때문에 먹이상자를 늘리거나, 먹이상자의 간격을 넓히는 등 공평하게 먹을 수 있도록 하는 방법을 고안할 필요가 있다. 산양을 무리로서 사육할 때는, 수컷과 암컷을 구분하여 기르는 경우가 많다. 무리의 수컷산양끼리는 자주 뒷다리로 서서 서로 으르렁 거리고, 머리를 부딪히며 순위다툼을 한다. 어느 정도 다투어 힘관계를 알게되면 정리되고, 리-더가 결정된다. 이 리-더산양을 중심으로 조정하면, 이동시키기 쉽다. 흥미로운 것은 암컷산양은 최년장산양이 리-더가 되기 쉽고, 축주가 평등하게 취급하여 주지 않으면 토라져서 이상행동을 일으키는 것으로도 알려져 있다.

4. 신체언어로서 서로 전하며, 종을 남기기 위한 본능도 강하다.

산양은 표정이나 하는 짓이 상당히 풍부한 동물이기도 하다. 산양을 기를 때, 행동이나 표정을 관찰하는 것으로 어떠한 상황인가를 잘 알 수 있다. 예를 들면, 새끼산양은 어미산양으로부터 젖을 받으면 짧은 꼬리를 살랑살랑 흔드는데, 이것은 기쁠 때의 행동이다. 또한, 몸을 비꼬거나, 펄쩍뛰거나, 손과 같이 앞발을 내어 “놀자”라고 작은 치근거리기를 하는 적도 있다. 겁쟁이이므로, 큰 소리를 들으면 근육경직이 일어나 졸도하는 경우가 있다. 이것은 무리가 습격당했을 때, 한 마리가 쓰러져 희생되는 동안에 다른 개체를 구한다라는 종의 보존본능으로부터 일어나는 행동이라고 알려져 있다. 일만 년 전부터 여러 과정을 거쳐 많은 종을 남기고, 세계로 퍼져 나아간 산양은, 앞으로도 계속 인간에게 친근한 반려동물로서 살아갈 것이다.

제 Ⅲ 장 알아 두어야 할 산양 기르기에 관한 사전지식

1. 산양을 기르기 전에

오랜 세월 동안, 가축으로서 인간에게 길들여져 온 산양은, 기르기 쉬운 친숙한 동물이다. 하지만, 어떤 동물이나 마찬가지인 것처럼 키울때부터 그 산양의 생명에 대한 책임을 다하지 않으면 안된다. 산양은 건강하게 키울 경우 15년 이상 살 수 있다. 키우기 전에, 일생을 변함없이 책임질 수 있는가 다시 한 번 스스로 다짐하여 두는 것이 중요하다. 기르기로 결정하였다면, 우선 산양을 길러 무엇을 할 것인가를 생각할 필요가 있다. 산양유를 얻고자 한다면 유량이 많은 품종(쟈아넨 종)등, 반려동물로서 키우고자 한다면 키우기 용이한 소형의 품종(피그미종) 등, 목적에 따라서 적합한 품종이 다르기 때문이다(V장 참조). 또한, 제각이라고 하는 뿔이 나오지 않도록 하는 처리나 거세는, 산양이 어릴 때 하므로, 구입하는 시점에서 목적에 따라 성별, 거세의 유무를 택하게 된다. 거세를 하지 않은 수컷은 체구가 크게 되고, 이취도 강하므로, 처음 산양을 기르는 경우에는 암컷이나 거세한 수컷을 기르는 편이 기르는데 용이하다. 산양유를 얻으려면 당연히, 암컷이겠지만, 잡초의 제거나 반려동물로서의 사육이라면, 거세한 숫컷이 발정도 하지 않고 기르기 용이하다고 할 수 있다.

2. 산양의 먹이의 확보

산양의 먹이에 관해서도 사전에 조사하여 준비하여 두도록 하자. 산양은 주로 풀을 주식으로 하는 동물이다. 잡초나 나뭇잎을 먹으므로 숲이 우거진 장소라면, 어느 곳에서도 자유롭게 채식할 수 있다. 산양을 밖으로 내보내지 않는 경우는, 제방이나 유휴지, 밭 등으로부터 풀을 베어 오거나, 가축사료로서 판매하는 건초를 사서 먹이도록 한다. 목초를 (가축의 사료가 되는 풀) 집에서 재배하는 것도 한 방법이다. 문제는 겨울이다. 풀이 적어지는 지역에서는, 가축용의 건초를 구입하여 준다. 풀의 수분량이 많은 여름도, 산양의 위장관의 상태를 조절하기 위해 건초의 급여는 필요하다. 사료가 다 떨어지고 나서 당황하지 않도록, 미리 사전에 구입할 방안을 생각해 두도록 한다. 풀 이외에, 미네랄을 보충하는 소금, 영양을 보조하는 농후사료도 급여한다. 이것들은 사료회사로부터 직접 구입하는 방법이 경제적이다.

3. 만일의 경우를 대비한다.

산양이 병이 들거나 다쳤을 경우, 또는 난산인 경우 등, 만약의 경우에 대비하여 산양을 치료하여 줄 수의사나 상담할 수 있는 산양 사육에 대한 풍부한 경험자를 알아둘 필요가 있다. 가축전문의 동물병원이 목장 가까운 곳에 없는 경우는, 대학부속 동물병원이나 마을 동물병원을 찾아 보도록 한다. 주의할 것은, 산양은 다른 동물에 비해 참을성이 강한 동물로, 상태가 좋지 않은 부위가 있어도 감추고 있는 경우가 왕왕 있다. 따라서, 확실하게 상태가 좋지 않은 모습을 발견하였을 때에는 이미 증상이 악화되어 손을 쓸 수 없는 경우가 많기 때문에, 축주가 산양기르기의 기본적인 지식을 잘 익히고 실천하면서 매일 주의깊게 관찰하는 것이 중요하다.

제Ⅳ장 산양사육의 초보자를 위한 Q & A

초식가축 중에서도, 산양은 매우 키우기 쉬운 동물이다. 잡초도 왕성하게 잘 먹고 그다지 힘이 들지 않으며, 사람에 친숙하므로 펫트로서도 귀엽고 손색이 없다. 그러한 산양이지만, 정성들여 애정을 갖고 키우지 않으면 병이 나거나 성격도 나빠지게 되므로 산양을 키우기 전에 실질적인 지식과 경험을 습득할 필요가 있다. 그 방법에 따라서 애정을 갖고 키우면, 산양만큼 귀엽고 활용가치가 있는 동물도 그리 많지는 않을 것이다.

최근, 산양의 인기가 높아지고, 그에 따라 산양을 애완동물로서 사육하고 싶다거나, 산양유로서 치-즈를 만들고 싶다는 사람들이 점차 늘고 있는 것이 사실이다. 그러나, 산양의 구입방법도 사육방법도 잘 모른다라는 사람도 마찬가지로 많이 있는 것이 현실이다. 따라서, 본 장에서는 산양에 관련된 여러 궁금한 점들에 대해 상세하게 답변하는 코-너를 마련하였다.

1. 가장 기초적인 질문

Q: 산양은 어디에서 구입할 수 있으며, 가격은 대략 어느 정도인지?

A: 산양을 처음 구입하는 경우에는 협회를 통하거나 기존에 사육하고 있는 회원농가를 소개받아 새끼산양을 분양받는 것이 건강한 산양을 분양받을 수 있는 일반적인 방법이며, 지역에서 산양을 사육하고 있는 곳을 모르는 경우에는 시청이나 농업기술센타 등 관계 기관 등에 문의하면 좋다. 산양은 봄에 본격적인 출산시기를 맞이하게 되므로, 이 시기에는 이유한 새끼산양을 분양받기 쉽다. 생후3개월경이 되어 이유 시까지 기다려 분양하는 것도 좋지만, 그보다 빠른 시기에 분양받아 인공포유를 하면 사람을 더욱 잘 따르게 되는 잇점도 있다. 또한, 사료를 주는 것을 비롯해 산양의 사육방법은 지역에 따라 다소 차이가 있을 수 있으므로 산양 분양시에는 분양자로부터 산양의 사육관리에 관한 설명을 잘 듣고 사육과정 초기부터 지속적인 상담을 할 수 있도록 상호신뢰를 할 수 있는 목장 등으로부터 구입하는 것이 바람직하다. 국내에서의 유산양의 가격은 분양농가에 따라 약간씩 차이가 있으며, 그 가격도 해마다 변동이 있을 수 있지만, 일반적으로 생후 2~3개월령의 암컷새끼산양의 경우 30~50만원, 수컷은 15~25만원으로, 매매가 이루어지고 있다. 혈통등록제도가 확립되어 있는 국가에서는, 혈통서가 붙어 있는 경우에는 매매가격이 상승한다.

Q: 사육할 때는 개와 같이 등록이 필요한 것인가? 다른 동물과 함께 길러도 상관없는 것인가? 동물애호법이란 구체적으로 무엇인가?

A: 개인이 한두 마리 키우는 경우는 등록이 필요 없지만, 몇 두씩이나 되는 산양을 키우는 경우에는 동물취급법의 허가가 필요하

다. 산양은 개를 싫어하므로, 함께 사육하는 경우에는 주의를 요한다. 동물애호법이란 동물의 복지(welfare) 및 보호(protection) · 학대(cruelty)방지에 관한 법률로서, 캐나다는 1961년, 이웃 일본에서는 1973년 동물학대방지법을 제정, 시행하고 있다. 우리나라는 선진국보다 늦게 1991년 5월 31일 법률 제4379호로 동물보호법을 제정 · 공포하여 동물학대를 금하고 동물을 적정하게 보호 · 관리하도록 시행하고 있고, 따라서 산양에게도 동물애호관리법이 적용되어 심하게 상처를 입히거나, 유기하면 처벌된다.

Q: 일이 있어 주간에 가끔 집을 비우는 경우가 생기더라도 키울 수 있을까 ? 더위나 추위에는 강한가?

A: 산양 축사에 인접하여 운동장을 설계하고, 산양이 자유롭게 출입할 수 있는 환경을 만들어 주는 것이 중요하다. 산양은 가혹한 환경에도 잘 견디는 동물이다. 피하지방이 적기 때문에 추위에 강하다고는 말하기 어렵지만 기온이 −15℃정도라면 산양사에서 건강하게 겨울을 지낼 수 있다. 추운 장소에서는 밀도가 높은 겨울털을 비축한다. 또한, 위가 발효탱크가 되어 발열원으로서의 역할을 하게 된다. 단, 비나 눈을 피할 수 있는 지붕이 있는 산양사는 필요하다. 산양은 추위보다도 습기를 싫어하고 약하다. 사람과 달리 발한에 의한 체온조절을 할 수 없다. 더울 때는 열사병에 주의하기 바라며, 직사광선을 피하고, 통풍이 좋은 장소를 확보하여 둘 필요가 있다. 또한, 산양은 젖은 장소를 매우 싫어하므로 산양사의 바닥은 항상 건조한 상태를 유지하여 주어야 한다.

2. 먹이에 관한 질문

Q: 산양은 어떠한 것을 먹는지? 사료값은 어느 정도 드는지? 소나 면양과 비교해 차이점은 어떠한 것이 있는지?

A: 산양의 주식은 섬유분이 많은 목초이다. 산양은 소나 양과 같은 4개의 위를 갖는 반추동물로서, 목초류가 부족하면 위의 상태가 나빠지게 된다. 잡초나 나무의 싹, 나뭇잎도 매우 좋아한다. 소는 벚나무 등의 탄닌(쓴맛, 떫은 맛 성분)이 적은 나뭇잎 밖에 먹을 수 없지만, 산양은 무엇이라도 먹을 수 있다. 사료값은 풀의 종류가 풍부한 장소라면 1두당 년간 평균 10~20만 원 정도이다.

Q: 산양은 정말로 종이를 먹는 것인가? 그리고 종이를 먹어서는 안되는 것인가?

A: 산양에게 종이를 먹게 해서는 안된다. 산양에게 종이를 주면 먹어 버린다. 종이는 식물 이외의 원료도 함유하고 있고, 잉크나 염료 등의 독성이 강한 성분을 함유하는 경우도 있다. 종이를 먹음으로써 장폐색의 원인이 되고, 최악의 경우, 사망에 이르는 일도 있다. 비닐류나 끈, 담배꽁초도 산양에게 있어서는 독물이다. 산양은 본능적으로 유독식물을 피할 수 있지만, 베어서 주면 먹어 버릴 수 있으므로 주의할 필요가 있다.

Q: 목초나 야초는 어느 정도 영양가가 있는 것인가? 겨울동안에는 어떤 먹이가 좋을까?

A: 목초는 이탈리안라이글라스나 티모시 등의 벼과와, 알팔파나 크로바 등의 콩과의 두종류로 나뉜다. 벼과는 섬유질이 풍부하고, 콩과는 고단백질이다. 콩과의 목초만 주면 체내에 가스가 차서

고창증에 걸리기 쉬우므로 주의해야 한다. 목초도 야초도, 알맞은 시기의 것에는 영양가가 있다. 목초라 해도 야초라 해도, 충분한 양이 있으면 몇 종류만으로도 산양은 살아갈 수 있으므로 영양면에서의 걱정은 기본적으로 없다. 풀이 나지 않는 겨울철에는, 여름에 만들어 놓은 건초, 옥수수, 볏짚이나 쌀겨를 섞어 발효시킨 사일리지, 콩깍지, 쌀부스러기나 야채부스러기를 이용하며, 그 외에 낙엽도 매우 잘 먹는다.

3. 산양의 생활하는 장소와 생활에 관한 질문

Q: 산양을 키우기에는 어느정도의 면적이 필요한가? 주택지에서도 키울 수 있나? 울음소리가 이웃에 피해를 주는 소음공해를 유발하지 않는가?

A: 먹이를 확보하기에는, 대략 1마리당 100평(330㎡)의 방목초지가 필요하다. 주택지에서 키우는 것은 현실적으로 적합지 않으므로 권하지 않는다. 암컷의 발정기의 울음소리나, 체취, 특히 수컷의 강한 체취는 인근의 주민들에게 피해를 줄 가능성이 크다. 농가가 많은 지역의 주택지의 변두리라고 하는 입지 조건이라면, 키울 수 있을지도 모르지만, 그러한 경우라도 발정기에 잘 울어댄다는 것을 이웃에게 사전에 알려 두어 양해를 얻어 두든가, 사전에 산양을 어린이들에게 친숙하도록 접해 놓아 가능한 한 이웃에 폐를 키치지 않도록 하는 것을 최우선으로 하는 것이 산양 키우는 사람으로서의 예의라 할 수 있다.

Q: 어떠한 장소에 축사를 지으면 좋을까? 축사의 넓이는 어느 정도 필요할까?

A: 산양은 젖은 장소와 더위를 매우 싫어한다. 배수가 좋고, 통풍이 좋고, 여름에는 나뭇 그늘이 지는 것 같은 장소가 이상적이다. 넓이는 1두당 2평만 있으면 충분하다. 새끼산양이 태어날 것을 생각해서, 두 칸으로 구분할 정도의 면적을 확보하여 두기 바란다. 바닥은 콘크리트에 목재널빤지 마루를 깔면 위생적이다. 신축이 아니더라도 헛간이나 창고를 개조하는 정도로 충분하다.

Q: 축사 외에 필요한 시설은 어떤 것이 있는가? 산양을 키우는데 필요한 도구는 어떠한 것들이 있는가?

A: 산양축사에 인접하여 출입이 자유로운 운동장을 마련하여 주는 것이 좋다. 흙을 쌓아 올린 흙더미나 돌로 높은 누각을 만들어 주면, 높은 곳을 좋아하는 산양은 서로 경쟁하듯 오르면서 운동을 하면서 즐긴다. 산양사 중에는 먹이통과 식수통, 착유를 하는 경우에는 산양사와는 별도로 착유장도 필요하다. 필요한 도구는 체온계, 포유병, 거세용구, 제각 시에 사용하는 제각기, 발굽깎기용 전정가위, 약 먹일 때 사용하는 주사기 등이다. 이들 도구를 필요에 따라서 더 구입하여 사용하면 좋다.

4. 산양의 임신 출산에 관한 질문

Q: 발정기는 어떻게 알 수 있는가? 교미(짝짓기)는 어떻게 하면 좋은가?

A: 암컷산양이 발정하면, 빈번히 울고, 꼬리를 심하게 흔들고, 침착하지 못한 행동으로 불안해하는 등의 징후가 보여진다. 외음부도 충혈, 종창, 습윤상태가 된다. 발정기간은 8월부터 다음해 1월경까지이며, 9월하순부터 10월하순까지가 피-크이다. 교미에는 자연교배와 인공수정의 두 방법이 있다. 자연교배는 수컷산양과

암컷산양을 동거시켜 행한다. 우량종 보존의 경우는 동결정액이나 채취한 정액을 인공적으로 주입한다. 국내에서는 아직 시행을 못하고 자연교미에 의존하여 오고 있으며, 이로 인한 대부분의 농가에서의 근친교배가 유산양산업 활성화의 큰 장애 요인의 하나가 되고 있다.

Q: 임신기간 일수는 며칠 인가? 출산 시에는 어떠한 처치를 하면 좋은가?

A: 산양의 임신기간은 년령, 산차, 산자수 등에 따라서 다소 차이가 있으나, 143~161일이며, 평균 152일이다. 암산양의 년령이 많을수록, 산자수가 많을수록 임신기간이 길어지는 경향이 있다는 보고가 있다. 3개월정도부터 복부가 크게 되고, 동작도 둔해진다. 너무 살이 찌면 난산이나 질탈 등 분만사고를 일으키기 쉬운 원인이 되므로 운동장에서 운동을 시키도록 한다. 평균 산자수는 1.8두이다. 진통부터 출산까지는 비교적 순조롭고 단시간에 진행되어 완료된다. 옆에서 도울 필요(조산)가 있는 경우는 산양의 머리를 낮게, 허리는 높은 자세를 유지시켜, 손을 소독하고, 산도에 손을 넣고 태아를 재빠르게 꺼내도록 한다.

Q: 어미산양으로부터 포유를 할 수 없는 경우는? 그리고 인공포유의 주의할 점은 무엇인가?

A: 초산으로 신경이 예민해진 어미산양의 경우, 혹은 출산시에 사육자가 보조한 경우에는, 간혹 어미산양이 새끼산양을 쫒아버리는 경우가 있다. 분만후 1시간 이내에 새끼산양을 어미산양에게 접촉시켜 포유할 수 있을 때까지 어미산양을 밀어붙이는 것도 필요하지만, 그렇게 해 보아도 무리라면 인공포유로 전환할 수

밖에는 없다. 인공포유에서 가장 중요한 것은 젖의 온도이다. 젖의 온도를 40℃정도로 유지하지 않으면, 설사나 발육부진의 원인이 된다. 젖이 부족한 경우는, 다른 산양젖이나 사람용분유를 사용하여도 무방하다.

5. 새끼산양에 관한 질문

Q: 새끼산양이 걸리기 쉬운 병에는 어떠한 것들이 있는가?

A: 난산의 새끼산양이나 출생 후에 포유할 수 없는 새끼산양은 저체온증의 위험이 있다. 몸을 따뜻하게 보온하여 초유를 강제로 투여하던가 쇠약하여 축 늘어져 있는 경우는 수의사를 불러 수액을 투여한다. 설사에는 사료로 인한 소화불량이나, 바이러스나 세균에 의한 감염증의 두 가지의 원인이 생각된다. 그 외에는, 안검내반(눈꺼풀속말림),제대염, 돌연사의 경우도 있는 엔테로톡세미아(출혈성위장염, 크로스토리디움감염증), 보행이상이나 기립곤란을 동반하는 백근증(셀렌결핍증), 암컷에 발생하기 쉬운 뇨석증 등이 있다. 새끼산양은 매일 주의 깊게 관찰하여야한다. 뎅굴뎅굴한 정상적인 분을 배설하고 있는가 어떤가는 몸상태의 바로메타가 된다.

Q: 뿔을 자르는 것은 혼자서도 가능한가? 거세는 새끼산양에 있어 상당히 부담이 되는 작업인가?

A: 산양의 뿔은 사람에게 있어서도 동료간에 있어서도 위험하다. 뿔을 없애는 제각과 거세는 이미 성장해 버린 산양에게 있어서는 큰 부담이 되므로, 제각은 생후 7-10일, 거세는 생후 1개월 내에서 실시한다. 제각은 뿔의 눈(뿔이 생기는 위치의 작은 돌

기)를 뜨거운 철인두나 전기인두로 지진다. 거세는 고무밴드로 정관의 혈류를 압박하든가, 고환을 외과적으로 적출한다.

Q: 이유의 방법은? 또한 수컷과 암컷은 언제쯤 구분하여 나누어 기르는 것이 좋은가?

A: 자연포유의 새끼산양은 생후10~15일에 어미의 먹이에 흥미를 갖게 된다. 인공포유의 경우도 마찬가지이며, 고형사료를 조금씩 주고, 자유롭게 섭취할 수 있도록 하여 준다. 이유시의 체중의 목표는 한국자-아넨종의 수컷산양의 경우 18kg, 암컷의 경우는 16kg정도이다. 개체차가 있으므로, 사료를 잘 먹고 있는지를 자주 관찰하면서 이유한다. 산양은 비교적 조숙한 편이므로, 어린 나이에도 수태하여 난산하는 예도 종종 있으므로 수컷산양과 암컷산양은 4개월령 무렵에는 분리시켜 기르도록 해야 할 필요가 있다.

6. 새끼산양의 질병 장애에 관한 질문

Q: 산양의 상태가 안좋아졌다면 누구에게 자문을 구하면 좋을까? 사육용의 기기나 약품은 어떻게 구할 수 있는가? 예방접종은 필요한가?

A: 수의사에게 진찰받은 후 그에 따라 적절한 치료를 받는 것이 좋다. 개나 고양이와 같은 펫트 전문 수의사의 경우에는 산양에 관해 잘 모르는 경우도 있으므로, 사전에 산양을 기르는 것을 근처의 수의사에게 연락하여 두기 바란다. 한국 산양유협회와 같은 전문가들이 항시 대기하고 있는 곳으로 상담하여도 좋다. 그 외에, 각 지역의 담당 공수의사나 가축위생시험소에서는 각종

기기나 약품, 필요한 기자재 등을 소개한다. 모기에 의해 전파되는 요마비의 예방접종은 반드시 필요하다.

Q: 여러 마리를 기를 때에 주의할 점은? 스트레스를 받는다거나, 서로 다투는 경우는 자주 있는가?

A: 수컷끼리가 여러 마리 있으면 머리를 들이대며 서로 순위 경쟁을 하므로, 싸울 경우가 걱정이 될 때는 떨어뜨려서 기른다. 산양의 스트레스의 요인은, 큰 소음이나 듣기 싫을 정도의 소리로 놀라게 하는 경우, 낯선 사람이나 개, 환경에 의해서 불안하게 되는 경우, 혹은 먹이 부족, 물 부족 등이 있다. 스트레스는 몸상태 불량이나 유량감소의 원인이 되기도 한다. 기르는 사람의 애정이 무엇보다 특효약이다.

Q: 만일 불행하게 사육 중에 죽는다면 어떻게 하면 좋은가? 사람에게 옮기는 질병은 없는가?

A: 산양만이 아니고, 사망한 가축은 산업폐기물로 취급하도록 되어 있기 때문에, 산업폐기물처리기준에 따라 처리할 필요가 있다. 일반적으로는, 지역의 사망가축처리장에서 처리한다. 12개월령 이상의 산양이 사망한 경우는, 가축보건위생소로 연락하지 않으면 안된다. 고령의 산양이 쇠약하여 사망할 날이 가까워지면, 가축보건위생소와 자주 연락하여 비상시 취급방법이나 행동지침 등을 사전에 알아두기 바란다. 산양으로부터 사람에게 옮기는 질병이 있다. 파상풍, 살모넬라증, 대장균증, 결핵, 등이 대표적인 예이다. 산양을 다룬 후에는 반드시 손씻기와 입헹구기를 습관화하도록 하는 것이 필요하다.

제Ⅴ장 산양의 기원과 품종

본 장에서는 산양의 기원과 품종 및 세계의 산양사육 현황에 관해 살펴보고, 많은 품종 중에서도 세계적으로 가장 많이 분포되어 있고, 국내에서도 가장 많이 사육되고 있는 대표적 유용종인 스위스 쟈-아넨종의 사육현황 등에 관해 구체적으로 살펴보기로 한다.

1. 산양의 기원

산양은 최초로 가축화된 반추동물의 하나로서, 서아시아 요르단에서 B.C.6000~7000년경의 신석기시대의 것으로 추정되는 당시의 유적으로부터 산양의 유골이 출토된 것으로 미루어 B.C.7,000~10,000년에 서아시아에서 가축화되었다고 생각되고 있다. 또한, 이 유골의 형태가 서아시아의 산악지대에 현존하는 야생의 벤조아-르였기 때문에, 이것이 사람에게 길들여져 가축화된 산양의 원종이 되었다고 추정된다. 개에 이어서 오래된 가축이고, 초기에는 육용이었지만, 유용가축으로서의 이용도 소보다도 오래되었다. 현재는 세계각지의 농가로부터 도시주민들에게까지 널리 사육되어 사람들에게 유익한 역할을 하는 친숙한 가축이다.

2. 산양의 품종

산양은 전 세계적으로 분포되어 있으며, 그 품종 또한 매우 많다. 2000년도 FAO의 발표에 의하면(FAO, 2000), 산양의 품종은 570종이라고 하며, 그것을 지역별로 보면 유럽 187종, 아시아·태평양 146종,아프리카 89종, 중근동 94종, 북미 20종 및 남미 34종으로 되어 있다. 이들 품종은 외형적으로는 체형, 모색 및 귀의 모양, 그리고 비유능력 등에서 차이를 보이며 원산지, 용도 및 외모에 따른 분류방법이 주로 사용되고 있으며, 용도에 따라 산양을 크게 분류하면 Sannen, Toggenburg, Alpine, 그리고 Nubian종 등으로 대표되는 유용종과 앙고라종, 캐시미어종 등의 모용종 그리고 보아종 및 국내 재래종 산양 등의 육용종, 그리고 이외에도 애완용으로서 이용되는 체구가 작은 피그미종이 있다. 하지만, 품종 중에는 유용종이 압도적으로 다수를 차지하며, Sannen, Toggenburg, Alpine, 그리고 Nubian종을 4대 유용종으로 꼽으며, 대표적인 유용종 및 개량유용종으로는 Swiss Sannen, British Toggenburg, British alpine, American La Mancha종 등이 있다. 각각의 품종에 대해 구체적으로 살펴 보면 다음과 같다(British Goat Society, 1879).

1) 유용종

① 자아넨종(Saanen goat): 스위스 서부 자아넨 계곡이 원산지이며, 세계에서 가장 널리 개량 보급되어 사육되고 있는 품종으로 비유량이 많은 대표적인 유용종이다. 모색은 전체적으로 흰색, 무각이 많지만, 뿔이 있는 것도 있다. 목밑살이 붙어 있는 것과 없는 것이 있다. 비

유량은 500~1,000kg이지만, 우수한 산양의 경우에는 1,500kg의 비유량을 기록한 것도 있다.

(그림V.5.2.1.자아넨종)
(British Goat Society, 1879에서인용)

자아넨종은 1922년 스위스로부터 네델란드를 거쳐 영국으로 도입되어 개량 품종, 즉 브리티쉬 자아넨 (british saanen)을 탄생시켰으며, 계속해서 독일, 프랑스, 벨기에 등 유럽의 각 지역으로 보급 되었고, 일본 자아넨, 이스라엘 자아넨 및 독일의 개량백색종 등이 대표적인 자아넨 개량종이라 할 수 있다. 국내에서는 양유공급원으로서 1903년 자아넨종이 도입되어 1962년부터 본격적으로 자아넨종과 재래산양을 교잡하여 1974년에 한국자아넨종을 만들었다. 이 품종은 체질이 강하며,특히 요마비에 강하고 연중 원유생산량이 평균 약 400kg에 달하여 농가사육에 적합한 품종이었으나 양유의 자가처리가 국민보건 위생상 금지되고 또한 국민소득의 증대와 함께 우유소비가 급증하는 반면 양유의 상품적가치가 감소하면서 그후 사육두수가 매년 감소하여 1974년 11,751두에서 1981년에는 약 3400여두로 급감하면서 축산농가에 널리 보급되지는 못했다.

② 브리티쉬 자아넨종(British Saanen) : 이 품종은 1922년 스위스 자아넨종과 영국의 재래종 암산양을 교배하여 얻은 개량종으로 1925년에 개량등록을 마친 품종으로 현재 전세계에서 널리 사육되고 있는 품종 중의 하나이다. 외형상으로는 스위스 원산의 자아넨과 유사하나 다리가 길고, 전체적으로 체격이 약간 더 큰 것이 특징이다. 비유능력이 양호하여 액상시유를 주목적으로 하는 영국내 대규모 농장에서 많이 합동사육하고 있다. 24시간 평균 원유생산량은 5.17kg, 유지방함량은 3.48%이며, 년중 원유생산량 2,890kg을 기록하였다는 보고도 있다.

(그림V.5.2.2.브리티쉬 자아넨종)
(British Goat Society, 1879에서인용)

③ 일본 자아넨(Japanese Saanen)種 : 자아넨 숫산양에 일본의 재래종 암산양을 누진교배시켜 개량한 품종이며, 외형은 스위스 원산의 자아넨과 유사하지만 전체적으로 왜소하여 성숙한 수컷의 체중은 65~70kg, 체고는 80~85cm정도이고, 암컷은 체중 50~55kg, 체고는 70~75cm정도이다. 이 품종의 비유능력은 브리티쉬자아넨종에 비해 조금 떨어지며, 24시간 평균 원유생산량은 약 2.0~3.0kg으로서 3.6kg이상일 경우 우수한 형질로서 인정된다.

④ 알파인종(Alpine goat); 스위스, 프랑스의 알프스지방이 원산지이며, 털색은 갈색, 백색, 흑색, 회색, 그리고 등에 까만 선이 있는 것 등 여러 종류가 있다. 체력이 튼튼하여 산악지대 등 바윗산이나 기복이 심한 험한 깊은 산중에서도 특히 사육가능하다. 체형은 쟈아넨 품종과 유사하지만 비유량은 약간 적어 300~600kg이라고 보고되고 있다. 알파인종은 영국에서 개량되었으며, 브리티쉬 알파인(British Alpine) 또는 프렌치 알파인(French Alpine)으로 불리기도 한다. 고유의 털색은 없으나 흑색, 적색, 갈색 또는 흰색 내지는 혼합색을 갖는 경우도 있으며, 허벅지와 등의 일부에 긴털이 있는 경우도 있으나 일반적으로 짧은 털이 몸 전체에 나 있다. 암수 모두 뿔이 있으며, 귀는 곧게 선 형태이고, 체격은 수컷의 경우 체중 약 75kg, 체고 85~100cm정도로 암산양의 체중 60kg, 체고 75cm 정도이다. 암산양은 크고 하복부에 잘 부착된 유방을 갖고 있으며, 24시간 평균 비유량은 4.09kg, 유지방함유량은 3.77% 정도로 비유능력이 양호하다.

(그림V.5.2.3.알파인종)
(British Goat Society, 1879에서인용)

⑤ 톡겐부르그종(Toggenburg goat); 스위스의 토겐브르그계곡이 원산지이며, 세계각지에서 개량되어 사육되고 있다. 털색은 전체적으로 암갈색이지만, 코나 귀부근과 발목이 흰색이다. 무각이며 목밑살을

갖고 있는 것이 많다. 비유량은 600~800kg이다. 토겐브르그종의 개량은 영국에서 재래종 암산양에 토겐브르그 숫산양을 교배시켜 개량한 브리티쉬 토겐브르그종이 대표적으로 1925년 영국산양협회에 등록하여 공인되었으며, 토겐브르그종에 비해 체질이 강하고 수명이 길다고 알려져 있다. 이 개량종은 평균 일일 비유량이 4.5kg으로 양호하며, 유지방함량도 3.69%내외로서 치즈생산원료로서 많이 이용된다.

(그림V.5.2.4.톡겐부르그종)
(British Goat Society, 1879에서인용)

⑥ 누비안종(Nubian goat); 아프리카동북부의 누비아지방이 원산지이며, 아프리카 전역, 남아프리카 등과 같은 더운 지역에서의 적응력이 뛰어나며, 유럽과 북아메리카에서도 개량되어 사육되고 있다.

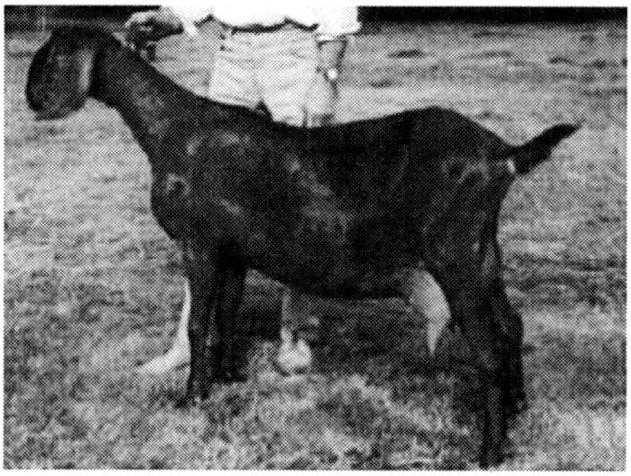

(그림V.5.2.5.누비안종)
(British Goat Society, 1879에서인용)

털색은 흑색, 백색, 회색 등 여러 가지이며, 무각이고, 길게 늘어진 귀가 특징이고, 메부리코를 갖고 있다. 비유량은 600~800kg이며, 나라에 따라서는 유 · 육 · 모겸용종으로 분류되기도 한다.

⑦ 라만차종(American LaMancha goat); 스페인이 원산지이며, 미국에서 개량되어 아메리칸 라만차종으로서 인정받았다. 외모상의 특징으로는 아주작고 주름진 귀(gopher ear)를 갖고 있다는 것이다. 우수한 개체의 비유능력은 년중 305일간 1,498kg을 생산하였다는 보고가 있다.

(그림V.5.2.6라만차종)
(British Goat Society, 1879에서인용)

2) 모용종

캐시미어종(Cashmere); 중앙아시아의 캐시미어지방이 원산지. 털색은 대부분 백색이지만, 갈색이나 흑색인 것도 있다. 비교적 큰 귀를 갖고 있으며, 나선형의 큰 뿔을 갖지만 갖지 않은 것도 있다. 20~40㎝의 긴 털의 안쪽으로 짧은 털이 나 있으며, 이 털은 일반적인 양모나 앙고라종이 생산하는 모헤어 보다도 섬세하고 보습성이 뛰어나다. 한 마리당 생산량은 0.1~0.5kg정도로 매우 소량이므로, 고급면모로서 귀하게 취급되고 있다.

(그림V.5.2.7.캐시미어종)
(British Goat Society, 1879에서인용)

3) 애완용

피그미종(Pygmy); 북아프리카 서부가 원산지로서, 국내에는 아직까지 도입되어 있지 않으나 이웃 일본에서는 1950년에 아메리카로부터 도입되어, 밀크생산용 펫트산양으로서 인기가 있는 품종이다. 모색은 흑색, 회색, 황갈색을 바탕으로 백색이나 흑색의 털이 섞여 있다. 유각이며, 체중은 18~30kg, 체고는 43~58㎝정도이다.

(그림V.5.2.8.피그미종)
(British Goat Society, 1879에서인용)

4) 육용종

① 한국재래종(Korean native goat); 예로부터 일반적으로 "흑염소"라 불리워져 왔으며, 중국 또는 만주지역으로부터 삼국시대 이전에 도입된 것으로 추정된다. 이후, 주로 육용 및 약용보신제로서 전국 각지에서 오랫동안 사육되어 왔다. 털색은 주로 흑색이며, 암수 모두 유각이고, 체중은 대략 20~30kg정도로 작은 편에 속하지만, 체질이 강하여 병에 대한 저항력이 강하고 특히 요마비에 대해서 강한 저항력을 갖고 있는 것으로 알려져 있다.

(그림V5.2.9.한국재래종산양)

② 보아종(Boer goat); 남아프리카가 원산지이며, 유각이 많고 외형적 특징으로는 백색의 몸통부위와 뚜렷이 구별되는 갈색의 머리부를

(그림V.5.2.10.보아종)
(British Goat Society, 1879에서인용)

갖고 있다는 것이며, 코가 크고 누비안종과 유사하게 길게 늘어진 귀를 갖고 있다. 온순하고 성장속도가 빠를 뿐 아니라, 성성숙이 빠르고 높은 번식능력을 갖고 있어 2년 3산이 가능하며, 질병에 대한 저항력도 강하여 무덥고 건조한 반사막지대에서도 적응력이 뛰어나다.

제 VI 장 세계의 산양사육 현황

1. 세계 산양 사육 현황

2002년 세계 식량농업기구(FAO, 2002)에서 발표한 세계 식량 농업 상황보고서에 의하면 2000년 이후 세계 농업생산은 1990년대 평균 성장률에 비교하여 매우 낮은 비율로 증가하고 있다. 2000년 세계 농업생산은 단지 1.3% 증가하였고, 2001년에는 그 증가율이 0.5%로 더욱 둔화되었으며, 이는 1993년 이후 가장 낮은 수준이다. 인구증가를 고려하면 2000년과 2001년의 세계 1인당 농업생산은 점차 감소하고 있는 실정이다. 이러한 농업생산의 감소는 지역적인 이상기후에 따른 남아프리카의 흉작, 일부지역의 농업생산의 붕괴 및 중국의 농업생산의 둔화에 그 원인을 두고 있다. FAO의 최근 조사에 따르면 2000년 세계 영양부족인구는 8억4,000만명으로 세계 농업생산의 감소는 극심한 식량부족과 가격폭등을 야기하고 있다. 전체 농업생산물 중에서 산양의 사육과 생산은 국제 식량농업에서 중요한 부분을 차지한다. 2000년 세계 전체 가축두수는 43억5천만 두로 이중 산양은 7억2만 두로서 전체 가축사육두수의 약17%를 차지하며(FAO, 2000),

이는 소, 면양, 돼지에 이어 그 다음으로 많은 사육두수에 해당된다.(표 VI.1.1.)

표 VI.1.1. 세계의 가축 축종별 사육두수의 변화 (단위 : 백만두)

	1990	1992	1993	1995	1996	1997	1998	1999	2000
소	1284.6	1281.4	1284.9	1322.0	1337.0	1333.6	1338.8	1340.0	1350.1
물소	146.1	147.5	148.2	158.9	162.7	166.7	160.7	162.6	165.0
면양	1186.9	1133.4	1102.2	1078.2	1069.0	1064.1	1055.2	1055.9	1057.9
산양	**573.9**	**581.3**	**595.5**	**641.0**	**676.6**	**703.4**	**698.0**	**711.3**	**720.0**
돼지	855.3	864.7	874.3	901.2	924.0	936.9	880.4	903.9	908.1
말	60.7	60.7	61.0	61.9	61.8	61.7	58.5	58.9	58.8
노새	14.8	15.0	15.0	14.8	14.7	14.7	13.5	13.6	13.6
당나귀	43.4	43.7	43.7	43.7	43.3	43.3	43.2	43.5	43.4
낙타	18.8	18.6	19.0	19.2	19.3	19.5	19.2	19.2	18.2
닭	10.6	11.5	11.9	12.9	13.6	14.2	13.2	14.0	14.4
오리	0.5	0.7	0.7	0.8	0.8	0.9	0.8	0.8	0.9

또한, 세계의 산양사육두수는 2000년 이후 매년 증가하여 FAO의 최근 발표된 통계자료에 의하면(FAO, 2014), 2012년 세계에서 약 10억 두의 산양이 사육되고 있는 것으로 밝혀졌으며 그 수는 매년 증가할 것으로 예상하고 있다.(그림.VI-1.) 개발도상지역의 많은 사람들에 있어 산양은 귀중한 단백질원이며, 개발국에서는 산양유 치-즈가 대중적 식품의 하나이다. 특히, 지역별로 산양사육의 분포를 살펴 보면, 그 대부분(약 96%)은 아시아, 아프리카 및 남아메리카 등의 개발도상국에 분포하고 있는 것으로 보고되고 있다(그림VI.1.).

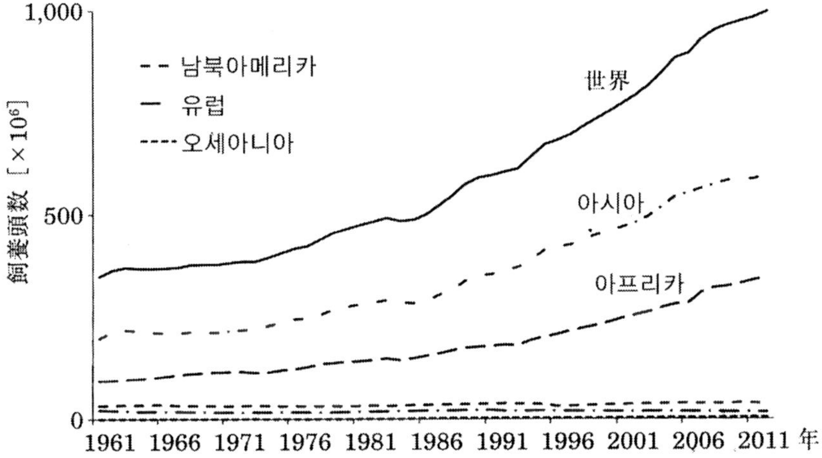

그림 Ⅵ.1. 세계산양사육두수의 변화(FAO, 2014)

2. 국내 산양 사육 현황

1903년 도입된 이후 유산양의 사육두수는 1960년대 초반 정부의 낙농진흥정책에 힘입어 전국적으로 1만여 두 이상으로 사육두수가 매년 증가하기 시작하여 1965년 15,582두 그리고 1968년에는 17,138두까지 큰 증가율을 나타내며 전국으로 보급되기에 이르렀다. 그러나, 그 이후 70년대에 들어서자 정부의 낙농정책이 젖소사육으로 전환되면서 젖소의 대규모 사육이 증가하고 산양유의 자가처리가 금지됨에 따라 유산양 사육농가는 감소하고 사육두수도 1974년 11,751두로 감소되었다. 그 이후 유산양 사육두수는 더욱 급격히 감소하여 1987년에 이르러서는 불과 1,205두의 유산양만이 가파르고 험한 휴경지 또는 한계농지 등에서 농가당 4,5두 정도씩 사육하던 것이 고작이었으며, 그 대신 대부분의 농가는 88년 서울올림픽을 전후하여

보신탕집의 규제로 착유설비가 따로 필요없고 사육관리가 비교적 용이한 육용 흑염소의 사육을 증가시켜 1992년도말에는 약 50만여두, 다시 1995년도말에는 68만여두의 사육두수를 기록하였다. 그러나, 상대적으로 착유설비 및 원유관리 등의 어려움이 있었던 당시의 유산양의 사육두수는 88서울올림픽 이후에도 증가되지 못한 채, 산양유 및 유가공품의 생산판매를 위한 기업형 유산양 목장은 거의 사라지게 되었고, 90년대 초에는 전국 유산양의 사육두수를 집계하기 어려울 정도로 국내에서의 유산양 사육농가는 자취를 감추게 되었다.

1990년대초반까지도 축산분야에 있어서의 유산양산업의 비중은 거의 완전히 소실되고 활성화되지 못하고 있었으며 사육농가나 사육두수도 더 이상 증가되지 못한 채 오랜동안 침체를 벗어나지 못하고 있었다. 그러던 중 1993년 강원도 홍천군 내촌면의 한 선도농가의 발의에 의해 홍천지역에서 본격적인 유산양사업이 시작되었다. 즉, 1993년 강원도 홍천군 내촌면 일대의 23농가에 호주 및 뉴질랜드로부터 약 2,300두의 자아넨종을 도입 분양하여 국내에서는 최초로 유산양사업을 하기 시작하였다. 그러나, 국내에서는 처음 시도되는 축산분야로서의 여러 시행착오를 겪으며 어려움을 겪다가 90년대중반부터 국민소득의 증대,그리고 무엇보다 현대인들의 환경과 건강에 대한 관심증대와 삶의 질에 대한 국민들의 인식변화와 함께 항암, 항산화, 면역력 강화 등의 생리활성을 갖는 기능성식품과 천연물에 대한 대한 관심이 커지고 더욱이 패스트푸드와 같은 식생활문화의 서구화 현상이 특히 초등학생 및 청소년들의 영양의 불균형, 동물성 단백질과 지방의 과다섭취로 인한 비만을 초래할 수 있으며, 이로 인한 질병의 증가를 야기시킬 수 있다는 것과 이러한 고콜레스테롤,

고지방식이가 여러 성인병의 주요 원인임이 밝혀져 사회문제로 대두되면서 친환경 기능성식품에 관한 관심이 그 어느 때보다 높아지게 되어 다시금 산양유의 기능성식품으로서의 중요성과 친환경축산업으로서의 유산양산업을 발전시키고자 노력하는 움직임이 강원도 홍천을 중심으로 일어나기 시작했다. 여러 어려움이 많았음에도 불구하고 최근까지 각 지역에서 점차로 사육두수가 증가하여 2003년까지 전국 유산양 사육두수는 약 7100두 정도로 추산되었고 2006년에는 한때 17000두까지 증가한 것으로 보고되기도 하였으나, 산양유에 대한 인식부족과 산양유의 이취 문제, 계절번식 등 사양관리의 어려운 문제점들의 해결을 위한 산학관 협동연구의 부족 및 신선한 산양유의 보급을 위한 안정적인 유통시스템 등에 관한 상호정보교환의 미흡 등으로 더 이상의 발전을 하지 못하고 답보상태를 거듭하여 2014년도 농림축산식품부 통계에 의하면, 2013년도에 전국적으로 약 10,000여 개의 산양농가에서 유산양 및 기타 교잡종 산양 등을 포함해 총 사육두수가 약24만여두에 이를 것으로 추정되었으며, 이 중 유산양인 한국자-아넨종은 7,000여 두 남짓으로 보고하고 있다(표VI.2.1.). 그나마 거의가 근친화되어 비유량이 일일평균 2kg에도 미치지 못하는 열등형질로 되어버린 상태이다. 다행스럽게, 최근들어 정부의 친환경 산지생태축산 정책에 힘입어 지자체들과의 관학내지는 산학관을 통해 연구노력하여 자체 농가형 유가공장을 설립하고 품질면에서 우수한 산양유 및 유가공품을 생산하고자 하는 노력이 각지에서 일어나고 있으므로 가까운 장래에 국민건강에 이바지 할 수 있는 훌륭한 천연 기능성식품으로서의 산양유사업, 또한 친환경 축산업으로서 우리나라 축산농가의 소득증대에 일조를 할 수 있는 유산양산업으로서 자리매김할 수 있으리라 기대된다. 그러나 아직도 유산양산업은 해결해야 할 난제들이 많이 있으며, 특히 선행되어야 할 문제 중에는 산양유의 영양생리학적 기능성효과 및 산양유특성을 살린 고부가가치의 다양한 유가공품의 개발 등을 위한 산학관 협력연구, 그리고 산양육 및 육가공품의 맛과 영양성분에 관한 연구와 대중화를 위한 요리방법의 개발을 위한 공동연구, 그리고 뛰어난 기능성을 갖춘 산양유 생산을 위한 우수한 종모축의 선택과 혈통관리 및 자축 사양관리, 과학적 시스템에 의한 철저하고 위생적인 개체관리 및 품종개량, 그리고 6차산업과의 연계성을 고려한 프로그램의 개발, 또한 산양유를 비롯한 유가공생산품들의 유통망 확보 및 소위 유기농을 선호하는 현대인들의 신뢰를 얻기 위한 관광 체험현장으로서의 유산양 방목장의 활용 등에 대한 연구노력이 필요하다. 이와 같이 예전의 유산양 사육 초기에 비하면 많은 과학적이고 체계적인 연구노력을 행하고 있지만 아직도 실제적인 농가소득의 증대에 보탬이 되는 축산업의 한 축종으로서 자리매김하고 유산양 사육농가 및 사육두수의 확대를 위해서는 미흡한 점이 너무 많은 것이 현실이며, 위에서 언급한 바와 같은 유산양산업의 목표달성을 위해서는 유산양농가의 부단없는 노력과 아울러 지역과의 연계성을 갖고 연구시설, 연구예산, 연구인력 등을 확충해 나가는 한편, 산양유 및 유가공제품의 개발을 위한 연구, 지도 체제의 일원화와 유통구조의 적극적인 개선과 확대가 필요할 것으로 생각된다.

그러나, 국내에서는 처음 시도되는 축산분야로서의 여러 시행착오를 겪으며 어려움을 겪다가 최근들어 고령화시대로 접어들면서 귀농인구의 증가 및 국민소득의 증대, 그리고 무엇보다 현대인들의 환경과 건강에 대한 관심증대와 삶의 질에 대한 국민들의 인식변화와 함께 항암, 항산화, 면역력 강화 등의 생리활성을 갖는 기능성식품과 천연물에 대한 대한 관심이 커지고 더욱이 패스트푸드와 같은 식생활문화의 서구화 현상이 특히 초등학생 및 청소년들의 영양의 불균형, 동물성 단백질과 지방의 과다섭취로 인한 비만을 초래할 수 있으며, 이로 인한 질병의 증가를 야기시킬 수 있다는 것과 이러한 고콜레스테롤, 고지방식이가 여러 성인병의 주요 원인임이 밝혀져 사회문제로 대두되면서 친환경 기능성식품에 관한 관심이 그 어느 때보다 높아지게 되어 다시금 산양유의 기능성식품으로서의 중요성과 친환경축산업으로서의 유산양사육에 관심을 갖는 분들이 늘고 있는 추세이다.

표 VI-2.1. 국내의 연도별 재래종산양 및 유산양 사육두수) (단위 : 두)

(농림축산식품부 농림축산식품통계연보, 2014.)

연 도	사육농가(수)	사육두수(두)		
		재래종	유산양	기타교잡종
2002	45,232	444,150	7,049	437,101
2003	43,008	483,034	7,100	475,934
2004	40,874	526,512	7,865	518,647
2005	40,874	522,534	9,234	513,300
2006	34,823	467,179	17,397	449,782
2007	27,555	372,447	11,217	361,230
2008	20,534	266,240	8,416	257,824
2009	17,049	249,855	11,540	238,309
2010	15,093	243,520	7,182	236,338
2011	14,092	247,943	10,921	237,022
2012	12,342	257,262	6,442	250,820
2013	10291	242,787	7,176	236,611

제VII 장 산양의 보급경로와 활용

면양이나 소보다 이전에 사람과 함께 살아온 산양은, 작고 민첩하며, 지구력이 있어 농가에서부터 일반가정에 이르기까지 보급되었다. 본 장에서는 이러한 산양이 어떠한 경로를 따라 세계로 전파되었으며, 그곳에서 어떠한 형태로 인간의 생활에 보탬이 되었는가를 살펴보도록 하자.

1. 산양의 보급경로

1) 서아시아로부터 유목민에 의해 각지로 퍼져 재래종의 기초가 되었을 것으로 추정되고 있다. 서아시아의 산악지방에는 지금도 많은 야생의 벤조아-르(Benzoar)가 있으며, 가축화된 벤조아-르가 유목민에 의해 동서로 퍼져나가, 중앙아시아, 인도, 몽골, 중국, 아프리카 대륙, 아라비아 반도 또는 유럽대륙 등의 재래종의 기초가 되었다고 추정된다. 서아시아로부터 동쪽으로 향한 무리들의 루트는 두가지이다. 하나는 카자흐스탄 등의 중앙아시아를 지나서 중국북부로부터 몽골, 그리고 중국내륙부로 이어지는 실크로드, 또 하나는 도중에 남쪽으로 갈라져 인도와 동남아지역으로 향하는 길이었다. 중국에 도

착한 가축산양은 대만이나 인도지나반도, 히말라야 산맥을 넘어 벵갈 지방까지 전파되었다. 또한, 인도방면의 산양은 말레 반도나 동남아시아에 퍼지고, 거기에서 북상하여 필리핀, 대만을거쳐 일본의 남서 제도로 전파되었을 것으로 추측된다.(그림VII.1.)

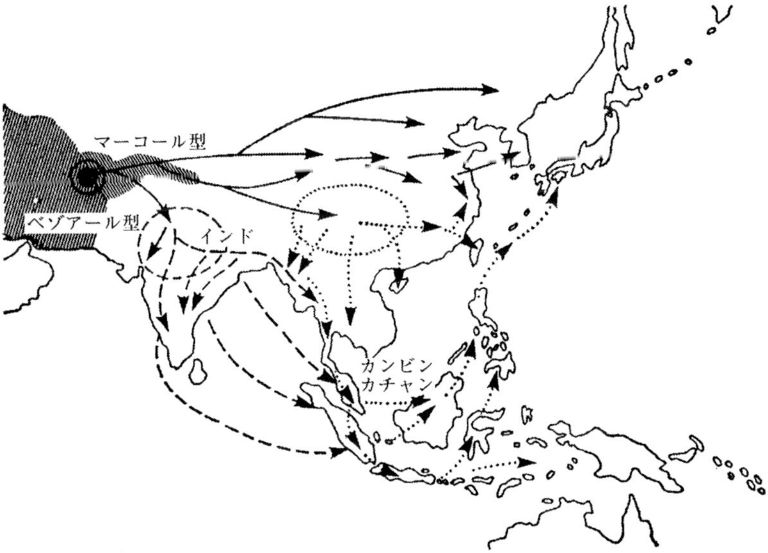

그림Ⅶ.1. 가축화된중심지로부터의 아시아전지역으로의 산양의 전파경로
(野澤•西田, 1981 로부터 인용)

2) 동아시아에서는 재래종과 교잡하여 2종류의 모색의 산양을 탄생시켰다. 즉, 위에서 말한 바와 같이, 서아시아로부터 각지로 전파된 벤조아-르 산양들은 동쪽에서 전파되어 온 마르코-르(Markhor) 산양과 교잡하여 중앙아시아로부터 중국에 걸쳐 현존하는 재래종이 되었다. 현재, 동아시아에 전파되어 있는 벤조아-르 형의 가축산양은 칸빈 · 카챤이라 불리우고, 두 종류의 모색으로 나뉜다. 그중 하나

인 흑색의 대륙형 산양은 우리나라, 중국남부, 인도동부, 대만서부 등으로 다른 하나는 갈색의 섬형태의 산양으로 동남아시아의 크고 작은 섬지역, 대만의 동부, 일본의 남서제도나 오도열도 등에 분포하고 있다. 서쪽을 향했던 무리들 중 하나는, 아프리카대륙에서 아이벡쿠스와 교잡하였다. 또한, 아라비아반도나 유럽대륙을 건넌 벤조아-르의 무리들은 교잡하지 않고 그대로 재래종의 기초가 되었다고 알려진다.

2. 산양의 활용가치

1) 사육율이 높은 아시아제국은 주로 식량원으로서 젖이나 고기를 활용; 가축산양은 아시아지역에서 높은 사육두수를 나타내지만, 특히 중국과 인도에서 널리 이용되어 왔다. 중국의 경우, 해마다 사육두수가 증가하고 있고, 짧은 기간에 인도를 누르고 세계 제1위의 사육국가가 되었다. 식육으로 이용되는 경우가 많으므로, 사육두수에 비례하여 산양육의 생산량도 제일, 국내중의 식탁을 풍성하게 하고 있다. 인도에서도 역시 소나 물소에 이은 가축으로서 취급되고, 산양육은 매우 중요시되고 있는 가축 중의 하나이다. 유목민, 반유목민이 다수를 점하고 있는 몽골에서는, 예부터 산양을 큰 행사에 이용하여 왔다. 젖이나 고기를 식량으로 하는 것은 물론, 그 가죽이나 털을 텐트나 생활용품의 재료로서 사용하였다. 산양이나 면양의 가죽가방은 긴 여행에서 목을 축여 줄 물통 대용으로 사용되었다. 또한, 아시아의 유목민이 이것에 산양의 젖을 넣어 사막을 갈 때에, 우연히 요쿠르트가 만들어졌다고 전해진다. 이것이 현대의 치-즈나 요쿠르트의 기원으로 알려져 있다. 산양치-즈는 세계에서 가장 오래된 치-즈인 것이다.

2) 아시아에서는 산양유나 고기가 중요시되었지만, 유럽에서는 음용보다, 바-타나 치-즈로서 활용되는 경우가 많았다. 즉, 유럽에서는 유제품으로서 산양유 치-즈가 예나 현대에서나 인기이며, 소의 젖이 사용되게끔 된 것은 그보다 훨씬 후로서, 중세 유럽에서 만들어진 치-즈의 원료는 거의 산양유였다. 그리이스는 국민1인당 산양유 소비량이 세계최고로서 연간 약 45.5kg으로 산양고기와 함께 세계에서 가장 많이 소비하고 있으며, 사육두수, 산양유의 생산량은 모두 유럽 제일이나. 프랑스에서도 산양유의 인기가 높고, 생산량은 유럽 제2위. 특히, 산양유로 만든 하얀 치-즈는 그 제조 역사가 오래되어 독특한 향과 가벼운 감칠맛이 특징으로, "쉐-부르"라고 불리워지며, 세계적으로 유명하다. 8세기경, 로와-루지방에 아라브계의 민족이 침공하였을 때, 식량으로 하기 위해 대량의 산양을 끌고 갔다. 철퇴후, 다수의 산양과 산양치-즈의 제조법이 전수되고, 현재까지 전해져 내려왔다고 한다. 그 외에도, 스페인이나 포르투칼, 영국 등 다수의 국가에서 산양유의 치-즈는 생산되고 있어, 인기의 정도가 짐작이 간다. 또한, 산양유는, 단백질의 성분이 우유와 달라, 모유에 가까운 것이 알려지고 있다. 영양가도 높고, 소화흡수가 좋을 뿐 만 아니라, 우유알레르기가 있는 사람도 마실 수 있으므로, 판매율은 결코 낮지 않다. 소화하기 쉽고, 사람에 친숙한 젖으로서 현대인들이 관심을 갖는 건강 기능성 식재료의 하나이다.

3) 가죽이나 털가죽은 생활잡화에, 농업이나 종교의식에도 이용; 유용이나 육용의 외에, 산양은 여러 생활용품에 이용되었다. 유럽에서는, 양의 가죽으로 양피지라 불리는 종이를 만들고 있었지만, 12세기경부터 새끼산양의 가죽도 똑같이 원료가 되었던 것같다. 또한, 사

하라사막의 유목민이었던 무-아인은, 산양가죽의 뛰어난 제조기능을 정립시켜, 폭넓게 응용하였다. 현대에서도 산양가죽은 모로코가죽이라고 불리우며, 최고급품으로 대접받고 있다. 용도에 따라서, 품종개량이 진행되어 온 산양이지만, 모용종 산양에서는 캐시미어종이 중국이나 몽골, 이란, 터어키, 등에 널리 분포하고 있다. 그 털은 1마리당 극히 적은 양밖에 얻을 수 없으므로 고급모로서 귀하게 인정되고, 각국으로 수출되고 있다. 또한, 앙고라종은 터어키, 남아프리카, 북아메리카 등을 생산지로 하여, 나라에 따라서는 모육겸용종으로서 사육되기도 한다. 농가에는 산양의 분을 이용하여 퇴비를 만드는 경우가 많다. 가축의 분 중에서는 가장 수분이 적으므로, 단기간으로 퇴비가 완성된다. 미국에서는 딱딱한 관목도 즐겨 먹는 산양을 임야지에 방목하여, 낮은 곳의 풀들을 먹어치우게 하여, 방화대를 형성한다라고 하는 방목가축을 추진하고 있는 지역도 있다. 일본의 경우는 국내에서 농지를 파헤쳐 황폐화시키는 산돼지나 원숭이 퇴치책에 사양사육이 효과적이지만, 한편으로는, 야생산양의 개체수 증가로 의한 임업으로의 피해가 심각화하는 등의 환경문제의 발생에 관한 보고도 있다. 세계의 역사를 살펴보면, 산양을 종교적 의식에 사용하는 경우도 적지 않았다. 희생의 것을 스케-프 고-트라고 부르는 것은, 사람들의 죄를 산양에게 뒤집어씌워 황야로 내몬 유다의 종교적의식으로부터 왔으며, 오랜기간, 사람과 함께 살아오는 가운데 자연적으로 형성된 관계라 할 수 있다.

제Ⅷ장 산양의 개량

1. 품종개량의 필요성

유산양은 젖소와 마찬가지로 개체의 비유능력이 매우 중요하다. 또한 그 비유능력은 대부분 유전형질에 의해 결정된다고 볼 수 있기 때문에 우수형질을 발현시키기 위한 개량 노력이 절대적으로 필요하다. 품종개량의 목표는 개체의 강건한 체질, 우수한 비유능력 및 유즙의 품질향상, 사료의 이용 효율성 증가 등을 주요 목표로 하여 형질 개량이 이루어져야 할 것이다.

2. 유산양의 비유능력검정

유산양의 비유능력검정은 분만 후 7일부터 일정기간 동안 생산하는 유량과 유지율을 조사한 후, 그 비유기록을 바탕으로 하여 우수한 개체를 선발하는 것을 말한다. 일본에서의 경우를 보면 240일 검정에서는 600kg 이상, 270일 검정에서는 650kg 이상, 300일 검정에서는 700kg 이상, 365일 검정에서는 800kg 이상의 젖을 생산한 암산양은 고등등록이 가능하다. 비유능력검정에서 조사한 자료는 어미산양의 개체선발, 숫산양의 후대검정 및 자매검정 등에 이용함으로써 산양의 개량에 효과적으로 활용할 수 있다.

미국의 경우에는 1895년 유산양등록협회가 조직되어 유산양의 등록과 능력검정사업을 실시하여 왔다. 미국 유산양등록협회의 고등등록을 할 수 있기 위하여는 만 2세의 암산양의 경우 1년간의 비유기간에 걸쳐 생산하는 젖의 양이 682kg 이상 또는 유지량이 23.9kg 이상이어야 한다. 그리고 숫산양이 고등등록을 할 수 있기 위하여는 세 마리 이상의 다른 암산양과 교배하여 생산된 딸자식이 적어도 세 마리 이상 고등등록되어야 한다. 즉 암산양의 경우 암산양 자체의 비유능력이 어느 일정한 기준 이상이면 고등등록이 허용되는 반면, 숫산양의 경우에는 그가 생산한 딸자식의 비유능력이 우수하여 고등등록된 딸자식이 일정 수 이상이어야만 고등등록이 허용되는 것이다.

3. 유산양의 후대검정

유전 능력의 절반은 종모산양으로부터 유래되고 나머지 절반은 배우자로부터 능력을 전달받는다는 이론에 근거하여 후보 종모산양의 선발에는 후대검정(progeny test)을 이용하는 것이 좋다.

젖소 종모우의 선발에 후대검정을 이용할 경우, 그 종모우에 대한 후대검정 성적을 충분히 얻어, 그 우수성이 입증될 때에는 보통 그 종모우는 만 6세 이상이 되어 종모우로서 유효하게 번식에 더 쓸 수 있는 기간이 얼마 남지 않게 되는 것이 젖소 후대검정의 큰 결점이다.

그러나 산양에 있어서는 수컷과 암컷이 모두 비교적 일찍 성성숙하게 되므로 종모산양에 대한 후대검정성적을 비교적 일찍 얻을 수 있어 후대검정을 이용하기가 용이하다. 즉 종모산양을 일찍 번식에 공용하여 만 1세가 되기 전에 여러 마리의 암컷에 인공수정시키고

여기에서 생산되는 딸자식도 가능하면 일찍 번식에 이용하여 비유능력을 측정하면 그 종모산양이 만 3세가 될 때에 이미 이 종모산양에 대한 후대검정성적을 일부 얻을 수 있게 된다.

그런데 종모산양은 만 3세가 되면 번식력이 극히 왕성하여 널리 번식에 이용할 수 있으며, 인공수정을 이용하면 유전적으로 우수한 종모산양의 이용범위를 더욱 확대시킬 수 있다.

종모산양에 대한 후대검정은 적어도 10~20두 이상의 딸의 비유기록에 근거하여 실시하는 것이 좋다. 여러 마리의 숫산양에 대하여 후대검정을 실시하는 경우, 각 수산양에 대하여 딸의 능력평균치를 계산하고 이 값의 크기에 근거하여 우수한 숫산양을 생산할 수 있다.

제 Ⅸ 장 건강한 산양의 점검 포인트

1. 건강한 산양 분양을 위한 점검 포인트

일반적으로 건강한 산양을 판단하는 기준은 다음과 같이 부위별로 특징지을 수 있다. 즉,

1) 머리부위: 양쪽 눈의 사이가 넓고, 콧날이 똑바르게 턱으로 연결되고 턱의 벌림상태가 양호할 것과 코의 표면과 콧구멍은 크고, 목은 길어 머리와 몸통으로 이어지는 어깨 부위가 부드럽게 연결되어 몸전체가 균형잡힌 산양, 가슴은 넓고 깊고 등은 길고 구부러지지 않은 산양을 선택할 것.

2) 사지: 네 다리 중에서 먼저 잘 살펴야 할 곳은 우선 뒷다리 대퇴부위가 잘 발달되어 있는 산양을 선택하는 것이다. 어린 산양의 단계에서는 사지가 긴 편이 오히려 성장하고 나서의 균형이 좋다.

3) 젖꼭지: 젖꼭지는 유방에 착 달라 붙어 있되, 두 젖꼭지 사이가 일정 간격 떨어져 있는 편이 좋다. 털색은 흰색으로 반점이 없는 것으로 선택할 것을 권한다. 건강한 산양의 털은 짧고, 반질반질하며 동시에 피부도 얇고 탄력이 있어야 한다.

4) 성격: 활발하며, 호기심이 왕성하여 사람에게 친숙함을 표시하며 잘 따르는 산양을 선택한다.사람을 두려워하는 산양은 건강 상태에 문제가 있을 가능성이 있다. 또한, 근육질이 지나치게 좋은 새끼산양은 반추위가 충분히 발달하고 있지 않은 경우가 있기 때문에 피하는 것이 좋다.

그러나, 새끼산양을 막상 현장에서 분양받고자 하는 경우에는 일반적으로 위에서 설명한 것과 같이 모든 부위를 완벽하게 갖춘 산양은 매우 드물며, 일장일단이 있는 것이 서의 대부분이다. 또한, 외모적으로 그러한 기준에 적합하다고 해도 분양 당시의 건강상태도 특히 주의 깊게 꼼꼼히 관찰하여 개체를 선택하여야 할 것이다. 즉, 움직임이 활발한가, 콧물은 흘리고 있지 않은가, 눈곱이 끼어 있지 않은가, 설사나 탈장은 없는가, 그리고 외모가 건강한 산양의 경우에도 교미나 착유가 불가능한 간성의 산양도 있으므로 특히 주의깊게 관찰하여 행동이 활발하고 눈이 빠르게 반응하며, 털윤기가 좋은 산양을 분양토록 한다. 또한, 새끼 산양은 아직 성숙단계이므로, 단지 귀여움에 빠져 선택하기 쉬우므로, 새끼 산양의 성장 후의 모습의 참고자료가 되는 그 직계혈통(부, 모, 형제)을 직접 보고 선택하는 것이 중요하다. 따라서, 새끼산양의 우선적인 점검포인트는 유방, 유두의 성상, 그리고 몸전체를 관찰하여 위나 옆에서 보아도 쐐기형(즉, 삼각형)을 하고 있는 산양이 좋은 산양이라고 알려져 있다. 건강 상태에 관한 점검도 필요하다. 콧물을 흘린다면 감기나 심한 경우 폐렴을, 눈곱이 심하게 끼어 있는 경우라면 빈혈을 의심할 수 있다. 항문 주위를 살펴 설사나 탈장, 등의 유무를 검사할 필요가 있다.

2. 이동시 주의점

산양을 차량으로 멀리 떨어진 곳에서 분양받아 사육할 장소(또는 방목장 등)로 차로서 옮기는 경우에는 다음과 같은 주의가 필요하다.

1) 여름철 이동시 주의할 점: 화물차나 화물칸의 내부온도가 상승하거나 직사광선이 지속적으로 비추게 되면 일사병을 일으키게 될 위험성이 있으므로, 여름철의 수송에는 적절한 휴식과 충분한 수분공급을 잊지 말아야 한다.

2) 장거리 이동시 주의할 점: 차에 태우고 장거리를 이동하게 되면 산양에게 스트레스를 주게 되므로 가능한 한 서행운전을 하며, 이동 중에는 로-프가 목에 감기지 않을 정도로 짧게 하여 흔들리지 않고 안정되도록 고정시켜 주는 것이 좋다. 새끼산양의 경우에는 승용차에 실어 운반할 수도 있지만, 소형 트럭의 화물칸에 실어 그대로 운반하고자 하는 경우에는 이동 중에 뛰어 내릴 위험성이 있으므로 반드시 대형견용의 케-지 등(비가림 지붕)을 이용해 운반하는 것이 안전하다.

제 X 장 산양 잘 기르는 방법

1. 산양의 축사 만드는방법

산양이 가장 싫어하는 환경은, 무엇보다도 고온다습한 것이다. 따라서, 산양의 축사를 짓기에 앞서 가장 먼저 고려해야 할 사항은 통풍이 잘 되어야 하며, 축사 주위에 운동장으로 활용할 수 있는 공간이 있는 장소를 선택하는 것이 좋다

1) 습기, 더위를 피해 청소하기 쉬운 환경: 천성적으로 건조한 지역을 좋아하고 습한 지역을 싫어하는 산양은, 따라서 극단적으로 습기에 약한 면이 있으므로 축사의 구조도 습기를 피할 수 있도록 설계되어야 한다. 가능한 한 통풍이 잘 되고, 빛이 잘 들도록 설계에 신경을 기울이고, 축사의 벽면은 축사벽 강판으로 막는 것이 아니고, 간격을 내서 바람이 통하는 틈을 내는 것이 설계의 기본원칙. 세로방향으로 간격을 내면 틈으로 빠져 나올 수도 있으므로 가로방향으로 틈을 내서 만들도록 하는 것이 좋다. 격자상의 와이어메시를 벽에 사용하는 것도 통풍을 좋게 하므로 권하는 방법 중의 하나이다. 단, 격자는 다리를 걸기 쉬우므로, 도망치지 않도록 약간 높게 설치

하는 것이 좋다. 산양은 매우 더위에 약한 동물이므로, 축사는 직사광선을 피할 수 있는 곳에 짓는 것이 바람직스럽다. 헛간의 지붕을 연결시키거나, 차광막을 이용하거나 하여 햇볕을 차단하도록 하는 방법도 사용할 수 있다. 또한, 산양은, "산양이 울면 비가 내린다" 라는 말이 있을 정도로 비를 싫어한다. 축사의 주위에는 도랑을 파서 빗물이 축사로 흘러 들어오는 것을 사전에 방지하고, 비를 피하기 위해 지붕은 길게 하여 축사내로 빗물이 들이치지 않도록 한다. 산양축사의 넓이는 1마리당 3.3㎡가 기준이지만, 물통이나 사료통을 놓고 통로 등을 포함하면 6.6㎡가 이상적이라고 할 수 있다. 바닥은 청소하기가 용이한 콘크리트로 하는 것이 바람직하지만 겨울철에는 바닥이 너무 차가워지지 않도록 톱밥이나 깔짚 등을 깔아주는 것이 필요하다. 깔짚 등은 사용후 산양의 분뇨와 함께 모아 발효시키면 훌륭한 퇴비로서 재사용된다. 더러운 것을 싫어하는 산양은 바닥에 떨어져 밟혀 버린 먹이의 대부분은 먹지 않으므로 먹이통은 산양의 머리 높이 또는 그 보다 조금 높게 설치하고 가능하면, 축사 밖에 설치하는 것이 바람직하다. 물통도 쏟아져도 큰 지장이 없도록 반드시 축사 밖에 설치하도록 한다.

2) 축사의 형태를 선택한 후 운동장과 방책의 준비: 산양의 축사 형태는 크게 3가지로 분류할 수 있다.즉, 첫째, 규모가 수십두를 초과하는 경우에는 파이프하우스(비닐하우스)를 이용한 산양축사가 주로 이용될 수 있다. 비교적 건축비용이 적게 들며, 겨울철에 보온이 가능하고, 여름철에 직사광선을 차단하며 아랫쪽을 개방하여 통풍을 유지하게 할 수 있다는 장점이 있다. 사육두수가 몇 마리에 불과한 경우에는 기존의 창고나 헛간을 늘려서 증축하여 산양의 축사로서

활용하든가 비를 피할 수 있는 지붕이나 처마가 붙은 작은 축사를 직접 만들어서 활용해도 좋다. 축사 주위에는 운동이나 일광욕을 자유롭게 할 수 있는 운동장이 있으면 더할 나위없이 좋으며, 1두당 8㎡이상의 공간이 필요하고, 축사와 떨어져 있는 경우는 항상 물을 섭취할 수 있고 햇볕을 피할 수 있는 장소를 만들어야 한다. 또한, 산양은 높은 장소를 좋아하므로 한가운데에 흙더미나 60-70㎝의 약간 높고 평평한 땅 또는 바윗돌을 쌓아 바위산을 만들어 주면 좋아할 것이다. 축사나 운동장 주위에는, 탈출방지만을 위해서가 아니라 들개나 기타 외부침입을 막기 위해 방책을 설치한다. 높이는 약 120㎝, 지면의 경사도가 가파른 경우에는 좀 더 높이 설치한다. 즉, 경사도가 30도 정도라면 약 30㎝정도 더 높이 설치한다. 또한, 산양이 방책에 다리를 거는 경우를 예상하여 지주나 목책은 단단하게 고정한다. 나무로 된 목책 외에도 그물 펜스나 철사망도 좋다. 탈출 방지책으로서는 조금 고가이지만, 야생동물침입방지용의 전기책도 유효하다. 옮기기 쉽고, 사전에 연습시키므로써 운동능력이 높은 산양이라도 거의 탈책하지 않게 된다. 방목하는 경우에도 활용할 수 있고, 이용율이 상당히 높다.

2. 산양의 먹이 만드는 방법

무엇이든 잘 먹는 산양은, 사료의 확보에 비교적 어렵지는 않지만, 풀이 없는 시기를 대비한 준비가 필요하다

1) 반추동물인 산양의 먹이는 섬유질이 풍부한 조사료가 기본: 산양의 주식인 조사료를 만들기 위해서는 목초를 재배하는 것이 일반적이다. 목초는 잡초에 비해 빠른 시기부터 몇 번이나 크고 섬유질도

많고, 저칼로리로 향도 좋다. 산양은 이탈리안글라스나 오챠드글라스 등 벼과의 주요한 목초는 물론 알팔파나 클로바 등의 콩과의 목초도 무엇이라도 잘 먹는다. 단, 콩과의 식물만 먹을 경우에는 고창증에 걸리기 쉬우므로 요주의. 반추동물인 산양에 있어 조사료를 먹고 소화하는 것은 위작용을 유지하기 위해서 필수불가결한 것. 따라서, 하루라도 빠짐없이 매일 주도록 하여야 할 것이다.

2) 목초, 야초가 없는 경우에는 대체할 수 있는 먹이를 주도록 한다: 목초의 생육이 느려지는 여름에는 야채의 부산물을 주어도 좋다. 오이나 가지, 토마토, 메론 등 어느 것이나 산양의 먹이가 된다. 풋콩의 줄기잎이나 옥수수는 영양가가 높고 산양이 매우 좋아한다. 또한, 겨울도 목초가 부족하게 되는 계절. 여름에 만든 건초나 사일레지, 콩껍질, 보리나쌀겨, 칡야채나 칡쌀, 그외 고구마, 감자, 호박, 등을 이용해도 좋다. 건초를 만들때는 맑은 날이 3일간 계속될 것 같은 때 풀을 벤다. 벤 풀은 미리 끈을 걸쳐놓은 상자에 넣어 꾹꾹 밟는다. 그것을 단단히 묶어 보관한다. 건초는 비에 젖으면 영양가가 번감하여 버리고 곰팡이가 핀 건초를 먹은 산양이 죽는 경우도 왕왕 일어나므로 보관에 특히 주의하여야 한다. 부족할 때나 자기 손으로 만들기 곤란할 경우에는 낙농가로부터 빌리던가 근처 농협에서 상담하여 구입한다.

3) 보존식으로 사용할 수 있는 사일레지 만드는 방법을 알아두면 상당히 유효하다: 먹이가 부족한 시기에 대비하여, 사일레지도 준비하여 두기 바란다. 사일레지란 "목초나 옥수수의 줄기를 유산발효시켜 저장한 사료"를 말한다. 인간의 음식물에 비교한다면 김치와 같은 것으로 발효시키는 것에 의해 유산, 초산과 같은 물질이 발생. 부패

균이나 단백질 분해균의 활동을 억제하기 때문에 사료의 장기보존이 가능하고, 산양이 잘 먹을 수 있다.목초를 재료로 한 사일레지의 제조방법은 우선, 목초를 베어 가볍게 말린다. 초점은 공기가 건조한 맑은 날 수시간이다. 다음으로, 건조시킨 목초를 잘게 썰어 두꺼운 비닐 등 밀폐된 봉투에 꽉꽉 넣는다. 그리고 그안의 공기를 청소기 등을 이용해 완전히 빼내고 밀봉한다. 음지에서 3주간정도 두면 완성. 봉투를 열어 공기가 들어 가면 상하기 쉬우므로 2-3일간 모두 사용할 분량이면 좋다. 또한, 점성이 있거나, 악취가 나거나, 하는 것은 제조실패이므로 산양에게 급여하여서는 안된다. 목초 이외에도 여러재료를 사용하여 사일레지 제조가 가능하다. 옥수수의 줄기잎은 당분이 많아 유산발효가 쉽다. 토란덩쿨이나 땅콩줄기는 2일정도 건조시키면 만들수 있다. 당근이나 호박으로 만드는 경우는 밀기울이나 탈지미껍질과 혼합하여 수분을 조절하여 조제하면 된다.

4) 기타 산양의 먹이관련 용어: [조사료란?]; 목초(청초, 건초, 외곡물, 야채, 과일, 나뭇잎, 사일레지 등섬유를 다량 함유하는 사료를 조사료라 말하고, 이것이 산양 등 반추동물의 먹이의 기본이 된다. 영양가는 낮고, 어느 정도의 양을 먹을 필요가 있다. 목초로서 재배되는 것에 좋고 싫고는 없는 듯하다. 또한, 산양에 있어서는 목초지보다도 야초지쪽을 좋아하는 것 같고, 야초에 대해서도 식욕이 왕성하여 잘 먹는다. (수엽);실제로 산양의 좋아하는 것은 나뭇껍질, 과수원 등에 방목할 때는 나무기둥에 방책 등으로 막아 두지 않으면 나뭇껍질을 갉아 먹어 버리므로 주의해야 한다. 뒷발로 서서 먹으므로 그 키가 닿지 않는 높이까지 망을 쳐 둘 필요가 있다. 수목자체는 탄닌이나 유지를 많이 함유하여 소화가 좋지 않으므로 일부러 줄 필

요가 없다. [농후사료];곡물을 주로 하여 영양가가 높은 사료. 옥수수나 보리, 쌀, 콩류 등이 속한다. 기본적으로는 조사료를 충분히 주고 있으면, 농후사료를 줄 필요는 없지만, 젖을 짜고 있는 동안에는 농후사료를 급여하여 1일 300g정도의 영양을 보충해 줄 필요가 있다. (미네랄염); 산양의 건강에 필수적인 염분. 결핍되면 탈모, 식욕부진을 일으킨다. 미네랄 블록은 농협 또는 근처 동물약품 등에서 쉽게 구입할 수 있다.

5) 기타 사항; 산양은 야채나 과일, 곡물도 먹을 수 있다. 가정에서 먹다 남은 야채나 수확이 늦어 도착한 야채 등은 산양이 먹기좋은 크기로 잘라 먹이로서 활용할 수 있다. 밥찌꺼기나 쌀겨 등도 주어도 좋다. 단, 상한 것은 피해야 하는 것은 물론이다.

3. 산양에게 먹이 주는 법

식욕과 호기심이 왕성한 산양이므로, 몸에 맞지 않는 것은 먹지 않도록 축주가 늘 주의하여야 한다.

1) 산양에게 주는 먹이의 양은 어느 정도가 적당한가: 산양의 먹이가 되는 사료에 대해서는 전장에서 언급하였지만, 여기에서는 그 구체적인 급여량 등 방법에 대해 기술하고자 한다. 우선, 먹이의 양에 대해서 알아 보면, 방목하는 경우는 산양 자신이 필요한 양을 스스로 취할 수 있다. 그러나, 인간이 급여하는 경우는, 그 기준은 급여량을 조정하여 둘 필요가 있다. 조사료를 주는 경우의 기준은 건초로서 1일 체중의 2.5-3.0%로 생각하면 될 것이다. 산양의 몸을 유지하는데 필요한 영양소의 분량에 대해서는 별표(표X-3.1,과 표 X-3.2.)를 참조하기 바란다.[단, TDN(가소화양분총량]; 사료 중 당

질이나 지질, 단백질 등의 영양으로서 소화흡수 할 수 있는 양, [DCP(가소화조단백질]; TDN 중에서 단백질만 빼낸 양을 나타낸다.} 사료에 함유된 두가지의 양분(DCP와 TDN)의 섭취량이 산양의 체중에 따라 설정된 기준을 만족시키도록 먹이를 급여하면 좋다. 조사료와 농후사료에 어느 정도CP와 TDN이 함유되어 있는가는 별표(표 X-3.1,과 표 X-3.2.)를 참조하기 바라며, 수확시기나 보존상태에 의해 비록 같은 풀, 곡물이라도 영양분은 크게 다르다는 것을 염두에 두자. 체중 이외에도 산양의 육질이나 털상태 등 산양의 외관상 건강상태를 관찰하면서 조절이 필요하다. 먹이는 복수의 종류를 섞어주는 편이 산양은 싫증내지 않고 먹지만, 먹이의 종류를 바꿀 때는 주의를 요한다. 급하게 바꾸면 소화할 수 없게 되어 설사를 하는 적이 있으므로 지금까지의 먹이에 조금씩 새로운 종류의 먹이를 섞어가면서 천천히 바꿔 가는 것이 좋다. 심한 경우에는 배에 가스가 차게 되어 사망하는 경우도 있다. 산양을 사고 파는 경우, 지금까지 무엇을 먹었는지 알아 두어야 한다. 또한, 먹이 급여는, 1회 만이 아니고 아침저녁 2회로 나누어 급여하는 편이 위의 균형을 깨뜨릴 위험성이 적다.

2) 수분이나 미네랄의 보충: 산양은 수분의 이용율이 좋고, 그런만큼 수분섭취에 신경쓰지 않아도 좋다. 건강을 위해서 필요한 수분양은 체중 60kg의 경우 2.6-3.7liter,여기에 체중이 10kg 증감함에 따라 0.5liter를 가감하면 된다. (풀로부터 섭취하는 수분을 포함한다). 단, 더운 시기와 착유시의 모축에게 있어서는 수분은 필수불가결하므로 급여에 특히 주의하여야 한다. 생초에는 이미 그 중량의 약 70% 이상의 수분이 함유되어 있으므로 보조적으로 언제라도 자유롭게 마

실 수 있도록 물통을 놓아 두면 좋을 것이다. 단, 물을 정기적으로 갈아두어 청결을 유지하는 것을 잊지 말아야 한다. 그 외에 필수 영양소로서는 미네랄을 잊어서는 안된다. 미네랄에는 소금(염화나트륨)이나 칼슘이 주성분이지만, 풀만으로는 충족시킬 수 없으므로 광염(미네랄 블록)을 준비하여, 수시로 핥아 먹도록 먹이통 옆에 매달아 두면 좋다.

3) 방목할 때 주의할 것들; 방목하는 시간은 산양에 있어, 좋아하는 야초를 마음껏 먹을 수 있는 즐거운 시간. 논의 논두렁길풀은 최고의 사료다. 그러나, 방목 시에는 주의해야 할 점도 몇가지 있다. 우선, 여러 독성을 갖는 식물들. 방목에 익숙치 않은 산양은 유독식물을 먹어 버리는 경우가 있으므로 큰 사고로 이르는 것을 막기 위해서는 축주도 항시 신경을 써야 한다. 다음으로 농약이다. 제초제나 살충제가 산포되어 있지 않은가를 사전에 충분히 확인하지 않으면 안된다. 과수원의 경우는, 밑에 심은 풀에도 그러한 약제가 날라와 오염되어 있을지 모르므로 주의하여야 한다. 그 외에 담배의 꽁초나 쥐약, 쇳조각 등도 잘못하여 삼키지 않도록 주의하여야 한다.

4. 산양 길들이기와 돌보기

1) 유산양의 일반관리:

활동적인 산양의 성격을 이해하고, 사고가 일어나지 않도록 잘 길들이기 위해서 처음부터 인내심을 갖고 이끌어 나가도록 하여야 한다. 유산양을 건강하게 잘 사육 관리하기 위해서는 우선적으로 적절한 사육시설이 갖추어져야 하는 것은 물론이지만, 그와 함께 유산양의 각 개체에 대한 영양섭취와 운동, 그리고 기생충 감염에 대한 예방과 치료를 포함한 포괄적이고 체계적인 각종 질병에 대한 집단 및 개체별사양관리시스템의 구축이 매우 중요하다. 특히, 온순하고 영리한 유산양의 본래 습성을 잘 이해하고 그것에 맞추어 사랑과 애정을 갖고 항상 관심있게 관리하는 사육자의 자세가 무엇보다 중요하다고 할 수 있다. 산양이 생활하기에 알맞은 적정온도는 대략 15~20℃이며, 추위에는 비교적 강한 반면, 고온다습한 환경에는 약하여 소화기질병이나 호흡기질병을 유발하기 쉬우므로 축사의 청결유지 및 환기를 통한 좋은 사육환경의 유지에 노력을 게을리 하지 말아야 할 것이다. 먹이를 주는 것 이외에 매일 돌보는 일은, 축사의 청소. 분뇨는 매일 배설하므로, 하루에 한번은 청소를 하고, 밑에 깐 볏집 등을 갈아 둔다. 불결하면 질병의 원인이 될 수 있다.

① 일일관리: 매일 잘 돌보면, 따르고 한층 온순하게 된다. 산양은 사람을 잘 따르는 면이 있는 한편, 제멋대로 천방지축인 면도 있다. 가축으로 된 역사가 오래되었음에도 불구하고, 야생본능을 잃지 않고 있는 동물이다. 물론 매일 먹이를 주거나, 잘 돌보고 있으면 기억하여 주고, 전기방책이나 독풀 등, 고통을 당한 일도 기억하여 두 번 다시 되풀이 하지 않는 현명함도 갖고 있다. 먹이를 줄 때 이름을 부르고 나서 주면, 이름을 부르기만 해도 쫓아오게끔 된다. 산양과 스킨쉽을 하고자 할 때는 털을 빗질 해주어도 좋다. 펫트나 가축용 빗으로 털의 결을 따라 빗질을 하면 산양도 좋아하고, 청결을 유지하여 건강을 유지할 수 있게 된다. 또한, 개에게 사용하는 목걸이와 표식을 붙여, 산책에 데리고 나가도 좋다.

② 방목: 방목은 풀베기 역할을 하고 산양에게도 좋은 일석이조의 효과가 있다. 방목에 대해서는, 방책으로 막고, 그 안에서 산양을 자

유롭게 해주는 방법과, 풀이 있는 장소에 산양을 끈으로 묶어 두는 방법의 두 종류가 있다. 어느 쪽의 경우도 햇볕이나 비를 막는 덮개가 될 것 같은 간단한 지붕이나 축사를 준비하든가, 음지가 있는 장소를 선택한다. 방책으로 막은 경우, 높이는 최저 120㎝,정도가 좋다. 또한, 산양은 방책에 다리를 걸치기 때문에 지주나 방책을 단단히 고정한다. 좁은 간격이라도 탈책하여 버릴 수 있으므로, 주의를 요한다. 이동방목의 경우는, 전기방책으로 막아 방목하면, 힘들이지 않고 손쉽게 방책을 설치할 수 있어 좋다. 산양을 끈으로 묶는 경우는, 목이 조이지 않도록 개에게 사용하는 목걸이를 사용하는 것이 안전하고 편리하다. 묶는 경우는 몸통이나 다리에 끈이 말려 골절되거나, 목에 말려 질식사하는 위험성을 초래하는 경우도 있으므로 구입 시에 그러한 위험을 방지할 수 있는 목줄을 구하는 것이 좋다. 또한, 산양은, 무리로 생활하는 습성이 있으므로 방목 시에도 한 마리라면 불안해하며 울기도 하지만 두마리 이상으로 하여 두면 곧 안정을 찾게 된다. 스위스의 경우에는 동물보호법에 의해 산양이나 면양을 한 마리만 격리하여 두는 것이 금지되어 있으며, 같은 종의 동물이 보이는 곳에 사육하는 것이 의무화되어 있다고 한다. 그 외, 다리나 발굽에 문제가 있는 산양은 방목을 삼가 둔다. 또한, 방목 전에는 필요에 따라서 발굽을 깎아주면 좋다. 들개가 떼로 있을 무렵에는, 습격할 경우도 있으므로 방목을 하지 않는다. 모기 등에 대한 대책으로는 페파민트엑키스를 몸에 분무하면 좋다.

③ 개체표시 : 유산양의 집단 사육시 일정한 혈통으로 유지, 번식시키고 비유량이 우수한 형질을 개체관리 하기위해서는 유산양의 개체표시는 매우 중요하다. 즉, 우수 형질 개체의 육종번식과 반대로

부실개체의 선별도태를 위한 개체별 기록관리를 위해 개체수가 많은 유산양 사육에 있어서 개체표시는 반드시 해야만 하는 중요한 관리 방법이다.

개체표시의 방법으로서는 문신을 하거나 번호를 붙여 놓은 플라스틱 이표를 귀하단에 부착시키는 것이 종래의 가장 일반적인 방법이었으며, 현재는 마이크로칩 이식방법 등이 이용되고 있는데 이표를 사용할 때에는 알루미늄 표에 개체번호를 찍어 앞에서 잘 보이도록 귀하단에 부착시킨다.

④ 발굽깎기: 발굽은 이따금씩 깎아준다. 발굽은, 사육하는 환경에 따라 닳는 형태가 다르지만, 2-3개월에 1번, 너무 길어지지 않았는지 점검하고, 깎아 주도록 한다. 체격도 발굽도 작기 때문에 전문가에게 의뢰하지 않아도 깎는 것이 가능하다. 지나치게 길어진 경우는, 한번에 깎으려 하지 말고, 조금씩 깎으면 좋다. 하얀 부분을 발 뒤쪽 중앙의 부드러운 부분의 높이에 맞추어 가지런하게 깎는다. 핑크색에 가까워지면 혈관 근처에 온 것이므로 작업을 그친다.

⑤ 제각: 뿔로 다칠 가능성이나 사육상 위험하다면 제각을 하는 것이 좋다. 뿔이 있는 산양의 경우, 뿔 그 자체를 그대로 두면 서로 싸움을 할 때 뿔에 의해 서로에게 상처를 입히게 된다. 또한, 사육자도 착유시 등에 상처를 입을 가능성이 있다. 체험학습이나 관광목장을 운영하기 위해 어린이들과 접할 기회가 많은 경우는 특히 위험하므로 절대 제각하는 것이 필요하다. 단, 산양에게 있어 출혈이나 통증이 있으므로, 가정에서의 사육이나 몇마리 사육시라면 사육자의 판단에 의해 제각치 않는 경우도 있다. 제각은 출생 후 1주간이내 정도가 가장 안전하게 행할 수 있다. 유전적으로 무각인 경우도 있으므로 우선은

머리를 잘 조사해, 머리털이 말려있는 부분을 만져서 확인하여 돌기가 있으면 유각의 산양이라는 것을 알 수 있다. 제각하는 방법에는, 인두로서 지지는 방법(사진Ⅹ.4.1.)과 독성카리라는 약품을 바르는 방법이 있다. 인두사용방법은 별표와 같으며, 낮은 온도에서 시간이 걸릴 경우에는 뇌염을 일으키는 우려도 있으므로 높은 온도에서 재빠르게 실시하는 것이 중요하다. 시술시에는 새끼산양이 고통을 느껴도, 출생직후이고, 아직 인간을 무서워하지 않는 시기이므로, 크게 염려할 필요는 없다. 시술 직후라도 젖을 먹으려고 쫓아오는 새끼산양도 있을 정도이다. 제각의 시기가 늦어지거나, 완전하게 제각이 되지 않은 경우, 다시 뿔이 나오는 적이 있지만 그 경우는 다시한번 제각한다.

⑥ 거세: 독특한 냄새가 강한 육용종은 새끼시절 거세시킨다. 숫컷산양은 성장과 함께 냄새가 강하게 되고, 성질도 거칠게 된다. 번식에 사용치 않는 산양이나 육용종산양은 거세시키는 편이 좋다. 거세시기는 종축으로서 선발될 가능성이 있는 경우는 3개월을 기다리지만, 일반적으로는 성장하고 나서는 스트레스가 크므로 생후 2주간-1개월 이내가 좋다. 단, 너무 시기가 빠르면 뇨도의 발육에 지장을 초래하고, 뇨석염 등을 일으킬 위험성이 높아진다고 알려져 있다. 거세의 방법은 음낭을 직접 절개하여 고환을 제거하는 관혈법이나, 고무링으로 조여서 고환을 괴사시켜 탈락시키는 고무링거세법(사진Ⅹ.4.2.)등이 있다.

[인두사용제각법]

(今井明夫´ 2011에서인용)

어린 산양은 단단히 보정한다.

제각은 생후 7일전후가 가장 안전하게 실시할 수 있다. 어린 산양은 무릎 사이에 단단히 끼어 움직이지 못하도록 보정한다. 상당한 통증을 느낄 수 있으므로 수의사가 있는 경우에는 가볍게 마취시키는 것이 좋다.

▼

전기인두는 고온으로 올려서 사용한다.

뿔이 나오는 뿔의 눈주변은 털을 깍아 둔다. 전기인두를 빨갛게 고온으로 하여, 끝을 뿔의 눈부분에 수직으로 비틀 듯이 누르면서 완전히 태운다.

▼

뿔눈의 주변부는 화로에 오랫동안 뜨겁게 달군 인두를 사용하다.

뿔눈부를 완전히태웠다면, 뜨겁게 달궈 둔 작은 인두로 주변부를 조심스럽게 태워 정리해 둘 필요가 있다. 화상을 입히지 않도록 머리와 귀부분을 함께 잡고 꽉 누르면서 실시한다.

▼

다시 제각을 하지 않도록 충분히 뿔눈부분을 태운다.

뿔눈부분을 확실하게 태우지 않으면 빈약한 뿔이나 형태가 변한 뿔이 재차 나올 수 있으므로 주의해야 한다. 다시 나오는 것이 보였다면 그즉시 신속하게 제각하는 것이 좋다.

▼

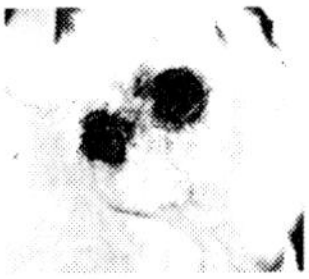

상처는 항생물질 투여로서 예방한다.

시술후는 상처에 옥도징기나 머큐롬, 또는 항생제 연고 등을 빨라 소독하고, 밖에서의 운동은 2~3일정도 쉬도록 한다.

사진X.4.1. 인두사용 제각법

[고무링거세법]

(今井明夫´ 2011에서인용)

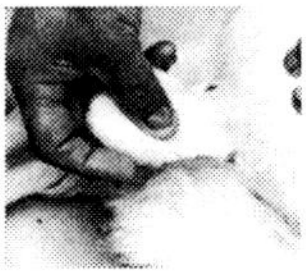

보정하여 음낭을 확인

산양을 옆으로 뉘어 앞다리와 뒷다리를 끈으로 묶든가, 허벅지 사이에 앙와 자세로 위로 보도록 하여 끼워 움직이지 못하도록 보정하고, 2개의 고환을 확인한다.

▼

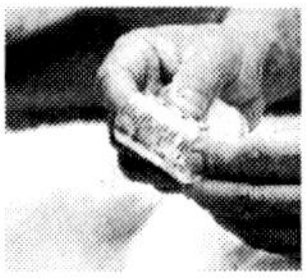

고환을 넣을 통을 준비한다.

고환을 상처입히지 않도록 우선 직경 25mm, 길이10cm정도의 파이프나 주사기통을 자른 것을 준비한다.

▼

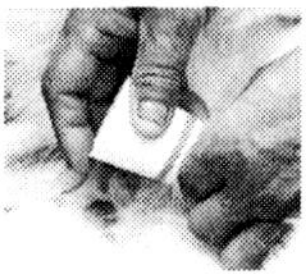

통속에 고환을 집어넣는다.

통위로 고무밴드를 4-5겹으로 감은 후, 그대로 고환덩어리를 통속에 가만히 집어 넣는다.

▼

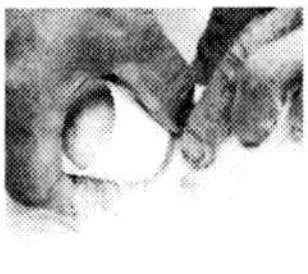

고무밴드로 고환덩어리를 묶는다.

통위에 감아 두었던 고무밴드를 천천히 고환의 끝에 맞추고, 통을 빼낸다. 묶었던 고무밴드의 끝에 고환이 정확하게 두 개가 들어있는가 확인한다. 그렇지 않다면 다시 실시한다.

▼

혈류가 흐르지 않고 고환이 괴사.

고무밴드로서 혈류가 멈추게 되므로 시간이 지나면 고환이 괴사하고, 위축하게 된다. 수주간에서 약 1개월 정도로서 자연적으로 탈락하게 된다.

사진X.4.2.고무링거세법

2)계절별 · 월별 사양관리

(1) 계절별 사양관리

a. 봄철 사양관리(3월~5월): 부드럽고 연한 풀이 돋아나기 시작하는 시기이다. 유산양은 방목을 시키기에 앞서 청초에 대한 충분한 적응

기간을 거치도록 하여 겨울철 내내 먹던 건초로부터의 갑작스런 사료의 변경에 의해 일어날 수 있는 소화기능의 이상으로부터 예방하여야 한다. 이 시기에 특히 유의해야 할 사항들을 요약하면 다음과 같다.

① 여름철(7월~8월)에 분만시킬 암산양들은 3월이 끝나기 전에 수정시키도록 하여야 한다.

② 3월 중에 내외부 기생충 구제를 실시한다.

③ 겨울철에 얼었던 땅이 녹으면서 붕괴위험이 있는 시설물들과 배수로를 정비한다.

④ 봄철 분만이 끝나는 시기로서, 환절기에 해당되므로 특히 자축사의 환기와 청결유지 및 소독 등에 각별히 신경을 써야한다.

⑤ 기온이 상승함에 따라 담근 먹이가 변질되지 않도록 주의한다.

⑥ 중독을 일으키는 고사리나 철쭉군락이 있는 곳에서는 방목에 각별히 유의하여야 한다.

b. 여름철 사양관리(6월~8월) : 산양은 일반적으로 한냉한 기후에 강한 반면 습하고 무더운 날씨에 약하므로 장마철에 대비하여 축사 바닥에 물기가 고여 있지 않고 항상 건조하게 유지하여 주고, 방목장 및 착유대기실에는 햇볕을 피할 수 있는 그늘막을 설치해 주어야 한다. 구체적인 유의사항은 다음과 같다.

① 고온다습한 시기이므로 특히 사료와 건초가 변질되지 않도록 각별히 주의한다. 젖거나 변질된 사료의 과식은 반추위내에 가스가 차는 고창증의 원인이 된다.

② 축사의 환기 및 통풍에 유의하고, 축사내 급수통이 오염되지 않도록 수시로 청소해 주어야 한다.

③ 여름 분만은 주로 장마철에 시작되므로 분만사와 자축사의 바닥이

습하지 않도록 해주고, 자축의 제각 또는 거세 시 2차 감염에 의해 일어나기 쉬운 화농성염증 등의 예방에 각별히 유의해야 한다.

④ 파리나 모기 등의 서식처를 없애고, 살충램프를 설치하여 모기의 개체수를 줄이므로써 모기에 의해 매개되는 요마비의 발생을 사전에 예방하도록 하여야 한다.

⑤ 장마에 대비하여 축사 주변의 배수로를 사전에 미리미리 정비하여 둔다.

c. 가을철 사양관리(9월~11월) : 월동용 사료를 준비하기 위하여 사일리지나 건초 등 조사료를 충분히 준비하고 상수도 동파방지 시설과 착유장 및 자축사의 난방상태 점검 등 월동준비에 만전을 기해야 할 시기이다. 구체적인 유의사항은 다음과 같다.

① 내외부 기생충 구제를 실시한다.

② 초지의 보충파종을 실시한다.

③ 봄에 분만시킬 개체들을 수정시킨다. 본능적으로 발정을 하는 시기이므로 여름철에 분만시킬 암산양들은 분리하여 수컷으로부터 철저하게 격리시킨다.

④ 축사에 쌓인 퇴비를 퍼내고 톱밥을 깔아준다. 퍼낸 퇴비는 퇴비사에서 숙성시킨 후 초지에 살포하여 환원시킨다.

d. 겨울철 사양관리(12월~2월) : 체온유지를 위해 에너지가 많이 요구되므로 산양들의 영양상태를 비롯한 건강관리에 특별한 관심이 요구되는 시기이다. 구체적인 주의사항은 다음과 같다.

① 날씨가 추워지면 농후사료의 양을 조금 늘려 급여하거나 면실 같은 단미사료를 추가로 급여하는 것도 좋은 방법이다.

② 2월경부터 분만이 시작되므로 분만징후가 보이는 임신축은 바

로 분만사로 옮겨 새끼의 동사를 방지한다. 겨울철 분만시에는 분만직후 온풍기 등으로 갓 태어난 새끼의 젖은 털을 완전히 말려주어 동상을 예방해야 한다.

③ 발굽을 깎아준다. 눈이 쌓였을 때 발굽을 깎아주면 발굽이 물기에 의해 불어나 있는 상태이므로 깎기가 수월해진다.

(2) 월별 사양관리: 월별 사양관리에 대해서는 부록의 별표를 참조하기 바란다.

5. 산양 사육카렌다와 산양의 일생

산양은 성장이 빠를 뿐만 아니라, 장수한다. 따라서, 앞서 언급한 바와 같이 매일같이 소홀함 없이 청결한 환경과 계절에 적합한 관리를

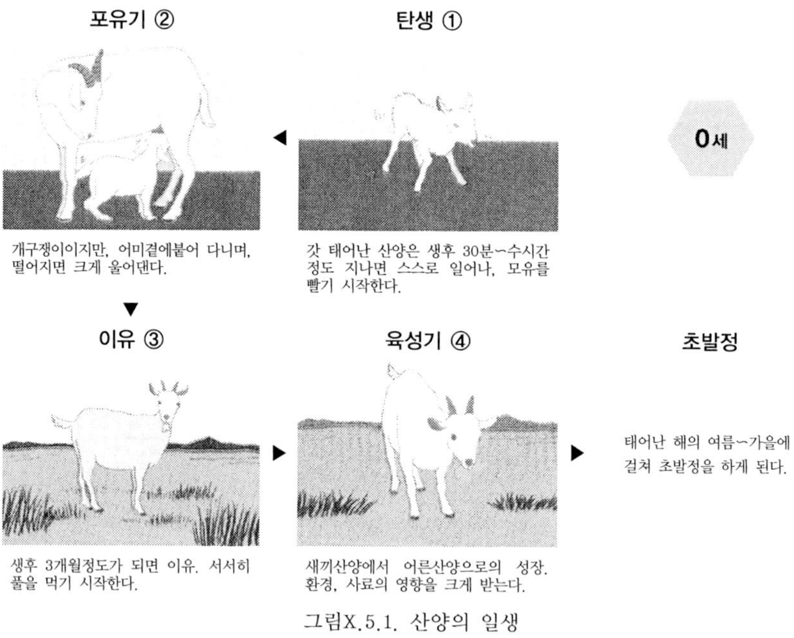

그림X.5.1. 산양의 일생

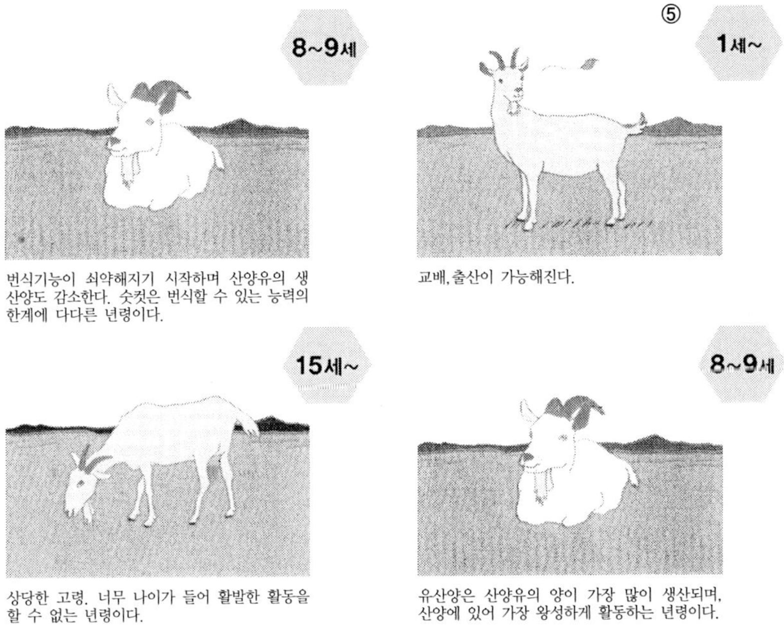

그림X.5.1. 산양의 일생(中西´ 2009에서 인용)

해줌으로써, 본래 갖고 태어난 항상성을 유지하며 성장을 하고, 최고의 건강을 유지하며 주어진 수명을 다 하며 살아 갈 수 있을 것이다. 산양의 일생의 성장과정의 일반적인 흐름을 위의 그림으로 나타내었다(X.5.1).

[산양의 일생]

1. ① 포유기로부터 ② 육성기, 생산기로 사료나 환경으로 생육에 차이가 난다.: 산양은 태어나서 30분~1시간정도 지나면 일어나고, 어미산양의 젖을 빨기시작한다. 초유는 면역력을 갖기 위해서 중요하므로 적어도 1주간은 먹여야 한다. 태어난 직후의 산양은 매우 활발하고 호기심도 강하며, 뛰어다니면서 잠시도 가만

있지 않는다. 마치 인간의 어린아기와 똑같은 모습으로 배고플 때는 울며 엄마 산양을 찾으며 헤맨다.

2. ③ 이유기: 좀더 시간이 지나 풀이나 나뭇가지에 흥미를 갖기 시작하고, 생후 2-3개월 정도 되어 이유한다. 이 시기를 이유기라 부르며, 암·수의 체격의 차이가 조금씩 나기 시작한다. 이 무렵, 새끼 산양 상호간에 싸움놀이를 하면서 곧 닥칠 순위 경쟁다툼을 준비한다.

3. 이유기로부터 ④ 육성기로 들어가, 생후 6-7개월을 지날 무렵에 처음으로 발정기를 맞이한다. 생후8개월 지나 체중이 25kg이상이면 교배하여도 좋다. 그러나 암산양은 확실하게 성장하기까지 교배시키지 않고, 다음 번식기까지 기다리는 축주가 많다. 기본적으로 산양은 가을 무렵에 발정하는 계절번식 동물이지만, 품종이나 지역에 따라서 주년번식하는 것도 있다. 육성기는 사육환경이나 영양상태, 개체에 따라서 성장상태에 차가 나타나지만, 성장과정에서 개선되므로 걱정할 필요는 없다. 육성기는 좋은 사료를 주고, 운동을 시키고 강한 몸을 만드는 것이 최우선이다.

4. 그리고, 곧 ⑤ 생산기로 들어가게 된다. 유산양은 출산 후, 반년부터 1년 정도의 기간은 젖을 생산한다. 첫 출산부터 3-5년이 젖생산의 피-크로서, 이 시기 이후는 젖 생산량이 서서히 감소하여 8-9세까지 생산한다. 또한, 수컷 산양의 경우는 생후 8개월이후, 체중이 30kg이상에서 교배할 능력이 있다. 수컷 산양의 교배에 대해서는 소형 산양에서 7년, 대형 산양이라면 8-9년 정도를 한계로 한다. 산양은 생산기능이 쇠퇴한 후에도 비교적 원기가 좋고, 약 10-12년정도 장수한다고 알려져 있다.

6. 산양의 번식과 출산

산양이 정상적인 번식과 출산을 하기 위해서는 무엇보다 적당한 운동으로 체력을 만들고, 영양풍부한 사료와 청결한 축사 환경을 유지하는 것이 중요하다.

1) 체력을 키워 번식기를 맞아 징후에 맞춰 교배: 산양은 종류나 육성지역에 따라, 번식기가 다르다는 것을 염두에 두어야 한다. 일반적으로 한국 쟈아넨종은 계절번식을 하며, 가을에 발정하여 봄에 출산을 하게 된다. 이것에 반해, 일본재래종 시바산양이나 도카라산양은 연중 번식으로 어느 계절이나 발정하는 것으로 알려져 있으나, 같은 품종이라도 지역(특히 위도의 차이)에 따라서 차이가 있다고 보고되고 있다. 산양은 태어난 그 해에 발정을 하지만, 암컷산양의 경우, 빠른 시기에 교배시키면 난산이나 미숙아율이 높고, 모축의 성장도 정지하여 버리므로 체중이 25kg이하인 경우는 교배시키지 않는 편이 좋다. 교배에 성공하여 건강한 새끼를 얻기 위해서는 사전에 모축의 체력을 키워두는 것이 중요하다. 암컷산양은 통상의 번식기를 맞이하기에 앞서 여름철의 무더위로 식욕을 잃거나 체력이 떨어지면 발정이 늦어지는 경향이 생기며, 임신해도 태아의 발육이 나빠지게 된다. 더운 여름은 체력을 소모하지 않는 범위 내에서 적절하게 운동할 수 있도록 방목을 야간에 하는 것이 좋다. 또한, 저녁무렵부터 밤에 걸쳐 농후사료를 주는 등 영양을 잘 보충시켜 주는 것도 좋은 방법이다. 수컷산양의 경우도 마찬가지로, 여름 더위로 체력이 저하되지 않도록 한다. 발정하면 먹이도 먹지 않고 암컷산양을 쫒아 다니므로, 농후사료를 늘려 체중을 관리하는 것이 좋다. 다리의 부담을 생각하여

교배 전에 발굽의 관리도 잘 해 둘 필요가 있다. 번식기의 발정주기는 품종에 관계없이, 약21일이며 1회의 발정이 24~48시간 지속된다. 발정의 징후를 발견치 못하게 되면, 또 20일 이상을 기다려야 하므로 잘 관찰하는 것이 필요하다.

2) 암컷산양의 발정징후

▹외치는 듯한 소리로 계속 울어댄다.

▹외음부에 충혈이나 종창이 보여진다.

▹꼬리를 심하게 흔들어댄다.

▹침착성을 잃고 허둥대며 배회한다.

▹다두사육의 암컷끼리는 서로 승가한다.

이와 같은 징후를 보았다면, 조속히 수컷산양과 동거시켜 아침과 저녁 2회 교배시키면 수태율이 높아진다고 알려져 있다.

3) 단시간에 쉽게 출산하는 동물이지만 난산의 경우는 두 사람의 보조자가 필요하다: 산양은 교배 후에 다음 발정이 없다면 임신한 것으로 판단할 수 있다. 단, 불임한 겨우에도 발정하지 않는 개체도 있으므로 모두 확실치는 않다. 임신기간은 5개월, 초산의 산양이라면 중기, 경산이라면 후기에서 유방이 부풀어 온다. 3개월이 지난 후기에 접어들면서 서서히 복부를 쓰다듬으면 태동을 감지할 수 있다. 이 무렵부터 동작이 완만해지고, 운동하지 않게 되지만 난산이나 질병예방을 위해서도 밖으로 내몰아 적당한 운동을 시키는 것이 좋다. 산양의 출산은, 쉽게 단시간으로 끝나는 편이므로, 그리 수고가 들지 않는다. 분만이 가까워지면 어미산양의 젖이 나오기 시작한다. 분만 예정일 1개월 전부터는 다른 산양과 격리하여 1마리만 관리한다. 분만용의 축사는 청결하게 하여 건조한 볏짚을 충분히 넣어둔다. 진통이

시작되면 어미산양이 침착성을 잃게 되고, 앉았다 일어섰다를 반복하며, 울고, 앞다리로 바닥을 긁는 동작을 한다. 진통의 간격이 짧아지고, 1회째의 양수가 터지면(파수) 질구로부터 태포가 나타나고, 태자의 두 앞다리와 코앞부분이 보인다. 어미산양은 통증으로 울거나 웅크려 버리는 적도 있다. 태포가 배출된 후, 양막이 터져 2회째의 파수가 되면 곧 이어서 출산한다. 쌍자나 세쌍둥이라도 거의 문제없이 단시간에 계속해서 출산하고, 분만은 약 1-3시간으로 종료한다. 간혹 태위가 이상적으로 머리가 나오지 않는 등 난산의 경우가 있지만, 이때는 가능하면 혼자서 무리하게 꺼내려 하지 말고 1인이 보조하면서 두 사람이 대처하는 것이 좋다.(그림X.6.1.) 태어난 산양은 생후 30분 정도 지나면 자력으로 일어서서 어미산양의 젖을 빨아먹는다. 어미산양은 새끼산양의 양막을 핥아서 깨끗이 벗겨주고 잘 돌본다. 그러나, 핥아주지 않을 경우나 추운 날 분만 시에는 새끼산양의 체온이 뺏기므로 사람의 손으로 양막을 벗기고 마른 타올로 입주위부터 잘 닦아주고 보온해 줄 필요가 있다. 쌍자를 출산하기 쉬운 산양은 한 마리가 양막이 그대로 남아 있을 수가 있으므로 주의할 필요가 있다.

난산처치법

A. 머리만 먼저, 또는 다리가 한쪽만 나오는 경우	B. 머리가 앞다리위에 놓여 있지 않은 경우	C. 거꾸로 들어선 자세로 후지가 산도로 향해 있지 않다.	D. 쌍태가 동시에 산도에 진입하여 있는 경우

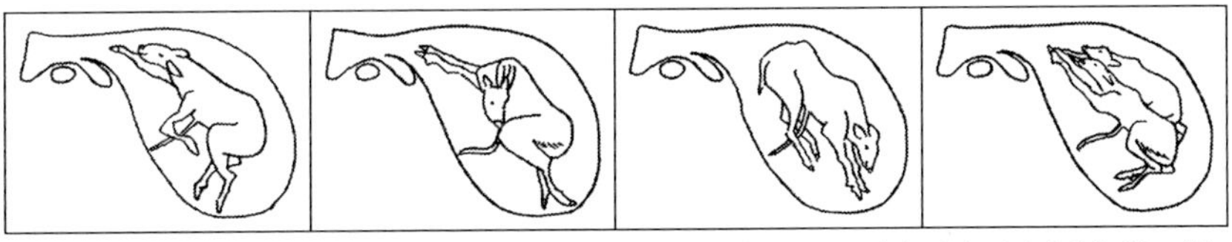

나오고 있는 것이 앞다리라면 조금 되밀어서두다리를 모아서 꺼낸다. 머리가 먼저 나오는 경우도 한번 뒤로 밀어 넣었다가 앞다리부터 꺼낸다.	한번 자궁으로 밀어 넣고, 머리를 앞다리위에 놓은 후 끌어낸다. 목이 크게 구부러져 있다면 더욱 크게 밀어 넣는다.	태자를 한번 자궁으로 밀어 넣고, 전지와 머리를 자궁구로 향해 정상적인 태위로 수정하였다면 끌어내어 보조한다.	손을 넣어 손앞에 있는 개체의 전지와 머리를 확인하고, 자궁에 가까운 쪽의 태자를 밀어 내고 손앞의 태자부터 끌어낸다.

그림X.6.1 난산처치법

7. 산양의 자연포유와 인공포유

새끼산양에게는 초유를 먹여 저항력을 키우는 자연포유를, 그 이후에는 인간의 손으로 인공포유를

1) 자연포유: 초유는 새끼산양의 건강에 중요. 자연포유는 설사에 주의. 갓태어난 새끼산양은 자력으로 서서, 40분정도 지나면 자연히 어미산양의 젖을 찾아 초유를 빤다. 산양의 초유는 걸쭉하고 농후한 담황색을 띠고 있고, 태변의 배설을 촉진하며 면역력을 주는 작용을 갖고 있으므로 반드시 충분히 먹도록 해야 한다. 분만 후 젖을 잘 섭취하지 않은 새끼산양들은 체력이 현저하게 떨어지므로 강제로라도 입주위를 어미산양의 젖꼭지에 물려 주어 젖을 빠는 연습을 시킬 필요가 있다. 어미산양이 질병에 걸리거나 분만 시 불행하게 죽거나 한 경우는, 다른 어미산양의 초유를 먹이든가, 소젖 500㎖, 피마자유 반스푼, 난백1개를 잘 섞어 1회분 20~30㎖를 1일3회 주며, 3~4일 후에 보통 젖으로 바꾼다. 생후 3~4일은 축사에서 초유를 먹으면서 어미산양과 조용히 지내지만, 그후 낮에는 축사 밖으로 나와 햇볕도 쬐고 자주 운동도 시킨다. 국내자아넨종의 경우, 어미산양과 새끼산양은 동거시켜 젖을 주는 자연포유의 방법을 취하는 것이 일반적이다. 유용종의 경우도 웬만큼 젖을 생산할 규모가 아니면 자연포유가 좋다. 어린 어미산양이 수유를 거부하는 경우가 있지만, 보정하여 새끼산양에게 젖을 먹이도록 하면 어미산양도 얼마안가 곧 수유에 익숙해진다. 포육중인 새끼산양의 몸상태를 자주 관찰하여 만약 설사가 관찰된다면, 어미산양으로부터 격리시켜 자연포유를 중지시키고 당분간 상태를 지켜보도록 한다. 생후 수일 지나면 새끼산양은 목초나

초목을 갉으며 놀고, 유용한 박테리아를 섭취하게끔 되므로 항상 신선한 사료를 준비하여 두어야 한다. 3개월 지나면 자연히 이유하여 어미산양과 같은 사료를 급여한다.

2) 인공포유: 어미산양의 젖을 주고, 착유는 새끼산양이 어미로부터 떨어져 있는 동안 실시. 유용종 산양의 젖을 이용하는 경우나 또는 어미산양이 병에 걸리거나 죽은 경우는, 기본적으로 인공포유로서 키운다. 또한, 어미산양이 뇌척수염(CAE)에 감염되어 있지 않은가를 조사하여 감염시에는 격리시켜야 한다. 뇌척수염은 모유로서 감염되므로 세심한 주의를 요한다, 또한, 쌍자 이상을 출산한 경우도 젖이 부족하면 무리해서 자연포유에만 의존하지 말고 인공포유와 병행하여 실시한다. 인공포유는 어미산양이 건강체라면 1일 3~4회로 나누어 착유한 젖을 새끼산양의 체중의 약 20%를 하루분으로 포유병을 사용하여 준다. 병원균의 감염을 방지하기 위해서, 가능하면 착유한 젖을 56도에서 60분 가열살균처리하여 주는 것이 안전하다. 생후 2주간정도부터 새끼산양은 어미가 먹는 목초 등을 핥거나 하므로 농후사료를 조금씩 주도록 하여 고형물에 익숙토록 하여 준다. 어미산양이 죽어 포유를 할 수 없는 때는, 사람용의 분유를 대신 사용할 수 있다. 40도 정도의 온도로 하여 생후 1주간 정도는 1일 3회, 그 이후는 1일 2회로 하여 준다. 대용유로 하면 연변을 하기 쉬우므로 질병에 걸린 경우의 설사와 혼동하지 않도록 잘 관찰하여야 한다. 유용종 산양의 젖을 많이 이용하지 않는 경우는, 생후 1개월간은 꼬박꼬박 새끼산양에게 젖을 먹이도록 한다. 1개월을 지나면 낮에는 어미로부터 떨어져서 새끼산양에게 충분한 사료를 주고, 야간에 어미와 새끼를 동거시켜 자연포유시킨다. 이 시기는, 새끼산양을 떨어져 있

는 동안에 어미로부터 음용젖을 착유할 수 있다. 젖을 착유할 때는 유방내 젖이 남지 않도록 끝까지 꽉 짜주지 않으면 유방염을 일으키므로 주의할 필요가 있다.

3) 모유로부터 사료중심으로 전환. 체중이나 행동을 관찰하여 이유로: 자연포유의 새끼산양은 문제없지만, 인공포유의 새끼산양은 이유시키는 것이 쉽지않다고 알려져 있다. 이유를 잘 시키지 못할 경우 새끼산양의 성장에까지 영향을 미친다. 생후 40일을 지날 무렵부터 포유회수를 1일1회로 줄이고, 대신 고형사료로 대체하여 준다. 야간에만 모자를 동거시켜 주지만 동거시간을 단축시켜 모유로부터 소화가 잘되는 사료중심으로 서서히 전환하여, 성장을 촉진시킨다. 생후 3개월경이면, 체중이 수컷 18kg, 암컷 16kg에 달하고, 또한 건초나 농후사료를 스스로 잘 먹게 되는 것을 확인하게 되고 나서 이유시키게 되면 그 과정이 순조롭게 진행되었다고 할 수 있다.

8. 산양의 사후처리: 가축위생시험소의 담당자 자문

산양이 죽는다면, 매장이나 해체를 해서는 안된다. 처리는 법률상 확실하게 정해져 있으므로 그 행정적 절차에 따라 행하여야 한다.

1) 죽은 산양은 산업폐기물로서 취급된다: 산양이 죽는다면, 어떻게 하면 좋을까. 지금까지 젖을 생산해 주며 가족의 일원으로 사랑하던 산양이므로, 땅에 묘를 만들어 주고 싶은 마음이 드는 축주들이 많을 것이다. 그러나 그것은 법률적으로 허락되지 않는다. 축산농업의 활동 중에서 죽은 산양은, 산업폐기물로 지정되어 있다. 산양만이 아니고, 소나 돼지, 면양, 말 등도 같이, 산업폐기물처리기준에 쫓아 처리해야 한다. 지역에 따라 “사망수축처급장”이 있으므로 그곳에서

적절하게 처리하든가, 행정의 허가를 받아 사육자가 적절하게 처리하지 않으면 안 된다. 죽은 산양은 행정의 허가없이 매장하거나 태우거나 해서는 안 되는 것이다. 산양은 아니지만, 양돈업을 하는 축산업자가 죽은 돼지를 땅에 묻어 체포된 뉴-스가 보도된 예가 있다. 이 업자는 처리비용이 아까워, 25년에 걸쳐 돼지의 "불법투기"를 행하고 있었다고 한다. 또한, 12개월령 이상의 산양이 병사한 경우는 가축위생시험소로 연락도 필요하다. 가축위생시험소에서는 가축전염병의 유무를 조사한다. 산양에게는 전염성해면상뇌증(스크래피)라고 하는 무서운 질병이 산혹 발생한다. 광우병과 똑같이 감염인자 프리온이 원인이며, 치료법이 없기 때문에 감염산양은 도태시키는 수밖에 없다. 스크레피는 인간에게는 감염되지 않는다고 알려져있고 도축장으로 출하되는 모든 산양은 검사되므로, 감염된 산양이 시장으로 출하되는 일은 없다. 산양이 쇠약하거나, 노령이면, 가축보건위생소에서 상담, 연락하고, 사망, 수축도축장으로의 운반 준비를 사전에 하여두는 것이 좋고, 죽은 후의 처리도 잘해 주는 것이 사육자의 의무라고 할 수 있다.

제 XI장 산양의 질병과 처치법

산양과 함께 생활하는 이상, 늘 신경써야 하지 않으면 안되는 것이 산양의 질병. 산양의 몸상태를 지켜보고 어느 수준의 질병인가를 판단하는 것이 중요하다. 집에서 할 수 있는 간단한 처치부터 수의사에게 상담하지 않으면 안되는 심각한 경우까지 미묘한 몸상태의 변화를 감지하여, 적절한 처치를 신속히 시행하도록 한다.

1. 건강관리:

평상시부터 늘 산양의 몸상태를 정확하게 파악하고, 조기발견, 조기치료에 노력한다.

1) 일상관찰을 게을리 말 것: "산양은 병에 강하고, 쉽게 병에 걸리지 않는다"라고 알려져 있지만, 그것은 산양의 몸상태를 판단하는 것이 어렵기 때문이라고 생각한다. 먹이의 섭취가 신통치 않거나, 먹이를 주려고 가도 꼬리를 흔들며 반가워하는 기색을 보이지 않고 일어서지도 않거나, 걸을 때 조금 비틀거리거나 하고, 여러 상태를 산양이 보여 주어도 그것이 질병의 징후인지 무엇인지 알기가 어렵다. 산양이 설사를 한 경우에도, 2~3일 정도 상태를 보고 있는 동안에,

병이 진행하여 버려 탈수증상을 일으키고 나서야 수의사에게 진찰을 받게 되는 것은 시기적으로 늦은 처치이다. 산양은 반추동물이므로, 제1위는 미생물에 의한 발효탱크의 역할을 한다. 몸상태가 불량하면 위내성상(pH, 미생물의 종류와 수, 그 외)이 변화하여 버리므로 회복할 때까지 시간이 오래 걸리기 쉽다. 그런 만큼, 조기발견과 조기치료가 중요하다라는 것을 무엇보다 먼저 염두에 두어야 할 것이다. 이상의 징후에 대해서, 이하와 같은 사항을 주의하여 관찰하기 바란다.

▹왕성한 식욕을 상실, 반추정지, 동작둔화 및 누워있는 시간이 길어짐, 서 있을 때도 멍하고 동작이 굼뜨다.

▹귀내측이나 눈주위의 핑크색이 엷어진다.

▹귀가 쳐지거나, 머리를 숙인 채로 서 있다.

▹비틀거리며 걷고, 일어설 때에 휘청거린다.

▹걸음걸이가 비정상이며, 발을 끈다.

▹등을 피지 못하고 구부린다.

▹이를 갈거나, 입을 잘 벌리지 않거나 한다.

▹몸의 떨림이 보이고, 곧 옆으로 눕는다.

▹콧물이나 눈곱이 낀다.

▹침을 흘리고 입에서 거품을 뿜는다.

▹눈에 생기가 없고, 옆으로 오지 않는다.

▹분이 똥글똥글하지 않고 떡상태로 되고, 점차 개의 분처럼 변한다.

▹호흡이 빨라진다.

▹피모의 광택이 없어지고, 더러움이 심해진다.

▹쇠약해지고, 늑골부위가 눈에 띠게 나타난다.

2) 분의 형상을 확인할 것; 분은 만병의 발병 징후를 나타내므로, 매일 분의 상태를 관찰하는 것은 매우 중요한 일이다. 분의 형태는, 너덜너덜하여 있는 것이 좋은 상태이며, 뎅굴뎅굴하여 딱 붙어 있는 떡 모양이 되었다면 요관찰, 아예 분덩어리로 된, 경우에는 적신호로 판단해도 좋다. 분 색깔은 검고 광택이 있는 것이 좋은 상태이며, 녹색이 섞인 경우는 떡모양이 되기 쉽다. 겨울이 되어 줄 청초가 없어지고, 저품질의 영양가 낮은 건초나 콩깍지만 주게 되면 차색이 된다. 이것은 단백질부족을 나타낸다. 분의 색이 검어도 광태이 없어지고, 말라 버린 것처럼 되면 변비가 되기쉽다. 변비 중에서도 불소화물이나 이물질이, 소화관을 막아 버리는 경우가 생기면 가장 걱정스러운 사태가 발생한다.

2. 위장염

원인은 먹이에 의한 경우가 많다. 조속한 처치가 이루어지지 않으면 상태가 악화하고 회복이 늦어진다.

1) 증상: 설사나 혈변, 변비 등, 분변에 여러 이상이 보여진다. 원기가 없어지고, 식욕부진이나 반추활동의 감소, 등을 구부리고 복통을 호소하는 듯한 모습을 보이며, 곧 옆으로 펴져 몸을 둥글게 웅크려 버린다. 오래 지속되면, 마르고 늑골이나 허리뼈가 뾰족해지고, 빈혈이나 탈모 등의 영양불량상태에 빠지는 적이 있다.

2) 원인: 바이러스나 세균 감염 외에, 불량한 먹이가 원인이 되는 적이 많다. 곰팡이가 핀 건초나 곡류, 변패한 생것(야채나 청초, 두부가스 등), 지방이 떨어지는 쌀겨 등은 주지 않도록 한다. 곡류사료나 야채류의 과식, 사료의 급격한 변경도 하지 않도록 주의할 필요

가 있다. 독물섭취에 의한 중독, 소화관기생충도 위장염을 일으킨다. 포유새끼산양의 경우는, 어미산양의 유방염, 인공포유의 잘못된 급여방법, 콕시듐원충에 의한 위장염 발증도 있다. 또한, 이유직후의 새끼산양은, 아직 반추위의 발달단계이므로, 풀종류의 소화불량을 일으키기 쉽다.

3) 대처법: 먹이가 부패하지 않았는지, 곰팡이가 피지 않았는지, 날것이나 쌀부스러기 등을 너무 많이 주지 않았는지 등, 사료급여가 적절하였는가 어떠했는가를 점검. 원인으로서 생각되는 것을 배제하고, 먹이통이나 물통을 청소. 곡물이나 쌀겨류는 주는 것을 중지, 양질의 건초와 신선한 뽕나무잎이나 쑥잎을 주고 상태를 지켜본다. 연변이나 설사의 경우는, 지사제를 먹이고나서 수분의 보충을 행한다. 수의사에게 의뢰하면 경구약투여나 링겔투여를 하지만 자가처치시는 스포츠드링크에 영양제와 소량의 식염을 넣어 마시게 한다. 착유중인 산양이 있으면 산양젖에 야채쥬스를 섞어 마시게 해도 좋다.

3. 제1위식체

소화작용이 정체하면, 위의 내용물이 남아 버리게 되므로 배변을 빨리 할 수 있도록 조치를 취한다.

1) 증상: 제1위는 미생물에 의한 발효탱크. 항상 수축과이완을 반복하여 사료덩어리와 위내미생물을 혼합하여 소화작용이 용이하게 이루어지도록 돕는다. 따라서, 그 기능이 저하되면, 위내용물이 정체되고 식욕부진, 동작이 완만해지고, 반추활동의 정지, 복부의 팽만화 등이 일어난다. 증상이 일어나면, 좌복부에 위내용물의 덩어리와 위쪽의 가득찬 가스를 확인할 수 있다. 또한, 등을 구부리며 복통을 호

소하며, 구토나 악취가 나는 변을 배설한다. 변의 양은 감소하고, 굳은 변이 되기 쉽다. 중증이 되면, 호흡곤란이나 경련을 일으키며, 체온이 급상승한다.

2) 원인: 사육환경의 급격한 변화나 기후의 급변 등에 의해서 스트레스를 받는 일, 또한, 곡류나 쌀겨류를 지나치게 많이 먹었을 경우, 종이나 끈 등의 소화되지 않는 물질을 먹은 것이 원인이 되는 경우가 대부분이다. 이물을 섭취하지 않도록 주위의 정리를 항상 신경 써야 한다. 또한, 반추위가 아직 발달단계인 새끼산양의 경우, 소화하기 어려운 사료를 먹은 경우는 일으키기 쉬우므로 늘 주의하여야 한다.

3) 대처법: 위의 내용물을 줄이기 해서 절식시키고, 하제의 투여나 관장을 실시한다. 증상이 가벼운 경우에는, 위를 마사지하거나, 위장약을 투여하면 서서히 회복하지만, 중증으로 일어서지 못하거나, 위팽만이 두드러지거나, 급격한 체온상승을 보일 때는 신속히 수의사에게 진료를 의뢰하도록 한다. 수의사는 일반적인 소화제 외에 장연동제를 투여하여, 배변을 촉진시켜 처치를 한다.

4. 급성고창증

1) 급성고창증의 증상: 제1위에서는, 미생물발효에 의해 항상 가스가 발생하고 있다. 발생한 가스는, 통상은 장관으로 보내지거나 트림으로 입을 통해 체외로 배출되거나 하여 위로부터 제거된다. 그러나, 발효하기 쉬운 먹이를 다량으로 섭취하면 과잉으로 생성된 가스가 완전히 배출되지 않고 위에 남아 버리게 된다. 가스가 남게 되면, 복부가 팽만하고, 특히 좌복부상부가 부풀어 오른다. 산양은 힘이 없어

지고, 식욕도 잃고, 반추활동이 점차 약해진다. 또한, 가스로 부푼 1위로 인해 폐나 심장, 혈관이 압박됨에 따라 호흡이 거칠고 빨라지고, 눈의 결막이 충혈되는 등, 호흡곤란이나 순환기장애도 단시간안에 진행될 수 있다.

2) 원인: 위내에서 발효하기 쉬운 사료(콩과 목초나 가스류, 쌀겨류 등)을, 한꺼번에 너무 많이 섭취한 것이 원인이 되기 쉽다.

3) 대처법: 경증이라면, 앞발을 높이 들어올려 복부를 마사지하여, 가스배출을 촉진시켜 준다. 옆으로 누운 자세가 아니고, 배를 깔고 엎드리게 하여 가스발생을 억제하는 소포제를 경구투여한다. 중증인 경우에는 신속하게 수의사에게 연락하여, 식도로부터 튜브를 통하여 가스를 배출하도록 하여야 한다. 긴급시에는 좌복부체표면으로부터 두꺼운 투관침을 찔러서 1위내의 가스를 배출시켜내야 한다.

5. 중독증

1) 중독증(유독식물 등)의 증상: 독성이 있는 것을 섭취한 것으로, 중독을 일으키고, 급성증상이 발생한다. 침을 흘리거나, 입으로부터 거품을 뿜거나, 구토를 한다. 그 외, 눈의 충혈, 체온상승, 기립불능, 경련 등, 여러 증상이 보여진다.

2) 원인: 유해성분을 함유한 식물(마취목: 철쭉과, 연꽃 철쭉, 난텐의 잎 등)이나, 곰팡이가 핀 먹이, 다량으로 농약이 묻은 식물을 먹거나, 또는 규정된 정량이상의 구충약을 투여한 경우에도 발생할 수 있다.

3) 대처법: 주변에 유독식물이 없는가 조사해 둘 것. 풀을 베어서 줄 때는 특히 주의 하는 것이 중요하다. 보통은 독성식물을 알아서

가려 먹는 산양도 베어서 잘게 자른 풀중에 섞여 있으면 함께 먹어 버리기 쉽다. 급성중독이 일어나면, 사혈이나 사하제의 투여, 수액과 강심나 해독제의 투여가 필요하고, 신속하게 수의사의 도움이 필요하다.

3. 급성고창증, 4. 중독증: 이 두가지의 병 모두 급성증상으로, 특히 주의를 요하지만, 평상시에 먹이에 소홀히 하지 않으면 충분히 예방할 수 있다.

6. 변비

산양에 있어서도 변비는 일어날 수 있다. 장폐색의 가능성도 고려에 넣고, 증상을 끝까지 지켜보아야 할 것이다.

1) 증상: 배변시에 등을 웅크리고, 시간이 많이 걸리며 고통을 호소한다. 변은 굳은 경우와, 점성이 있는 경우가 보여지며, 혈액이나 점액이 묻어 나오는 경우도 있다. 출생 직후의 새끼산양의 경우에서도, 변비증상이 보여지는 경우가 가끔 있으므로 주의 깊은 관찰을 필요로 한다.

2) 원인: 변비는 스트레스나 복부가 찬 경우에, 장연동운동의 정체에 의해서 유발되는 적이 많다. 그 외에, 이물을 섭취하는 것에 의한 장폐쇄나 간혹 장염전에 의해서도 발생할 수 있다. 출생 직후의 새끼산양은 어미산양의 초유를 먹지 않으면 태변(생후 처음 나오는 변)의 배출을 할 수가 없고, 변비와 같은 증상을 일으키는 경우가 있다.

3) 대처법: 일반적인 변비의 경우, 사하제를 투여하거나, 시판의 관장약을 사용하지만, 복통이 격심하든가, 분변이 암적색을 띠우는 경우에는 장폐색이 의심되며, 신속히 수의사에게 진료를 의뢰하는 것이 좋다. 새끼산양의 경우, 출생후 바로 어미산양의 초유가 나오는지,

새끼산양이 젖꼭지를 빨고 젖을 먹고 있는지를 확인한다. 새끼산양이 허약하거나, 어미산양이 모유를 먹이려고 하지 않을 때는 초유를 손으로 착유하여 주사기로 100ml정도 먹인다(그림XI.1.) 수시간내에 검은 태변이 배출되는 것을 확인하고, 태변이 나오지 않을 때는 항문으로부터 온탕을 주사기로 50ml정도 주입하여 준다.

산양유 짜는 방법

1. 밑부분을 꽉 쥔다.
2. 차례로 손가락을 편다.
3, 리듬을 타면서 짠다.

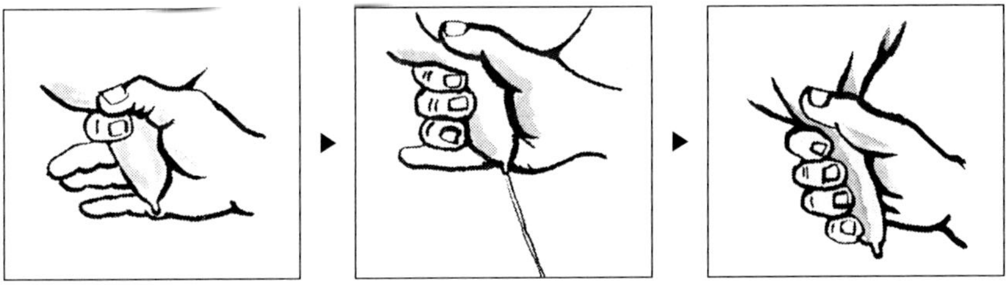

착유전에 유방을 닦아 청결하게 하고, 산양유가 역류되지 않도록 엄지와 검지로 밑부분을 꽉 쥔다.

쥐었던 밑부분으로부터 차례대로 중지, 약지, 새끼손가락을 편다. 산양유를 유구로 내보낸다는 감각으로.

손가락을 느슨하게 해서 짜는 동작을, 리듬을 타면서 반복한다. 손가락이 두꺼운 사람이 착유시에는 약간 유리할 수도 있다..

그림XI.1. 산양유 짜는 방법

7. 감기 폐렴

1) 감기 폐렴의 증상: 코나 목의 점막에 염증이 생기면, 가래가 생기고, 콧물이 난다. 발열하면 호흡수나 심박수가 증가하고, 식욕부진, 반추기능저하, 설사 등을 동반하는 경우도 있다. 체력이 저하한 새끼산양 등은 폐렴으로 이행하기 쉽다. 폐렴은 감기의 악화에 의한 것 이외에 곰팡이에 의한 것이나, 포유나 투약의 잘못으로 기관으로 들어가서 일으키는 경우도 있다. 급성의 경우 42도의 고열을 내며 호흡이 빨라져 체력소모가 진행하여 새끼산양은 사망하는 경우도 있다.

2) 원인: 감기의 원인이 되는 세균이나 바이러스의 감염은, 가을부터 겨울사이에 많이 발생한다. 이 기간, 축사의 환기가 불충분하거나 축사내부가 오염되어 있어 암모니아가스가 발생하거나, 바닥이 축축해져서 배가 차지면, 감기에 걸리기 쉬우므로, 사육환경을 개선하는 것이 무엇보다 중요하다.

3) 대처법: 원기가 없고 식욕이 저하한 산양에게는, 좋아하는 양질의 사료를 주도록 한다. 열이 있는 경우에는, 수의사에게 의뢰하여 해열제나 항생제로서 조기치료를 하도록 한다. 폐렴의 경우도 보온과 안정을 하면서, 충분한 영양공급이 중요하다.

8. 열사병

1) 열사병의 증상: 경증의 경우에는, 호흡수나 맥박수의 증가, 보행불안정 등이 보여진다. 중증이 되면, 기립불능이나 경련, 혼수상태가 되는 적도 있다.

2)원인: 여름의 뙤약볕 아래나 고온다습한 조건하에서의 산양 축사 등에서, 체열 발산이 되지 않고 체온이 계속 상승하여, 순화장애를 일으킴으로써 열중증이 시작되는 경우가 대부분이다. 마실 물이 충분치 않거나, 물이 있어도 뜨거워져 있거나 해도 산양이 마시지 않게 되어 탈수증상이 일어나기 쉽게 된다.

3) 대처법: 더운 계절에는, 그늘이 없는 장소나 통풍이 잘 되지 않는 곳에 산양을 두지 않도록 한다. 마실 물은 아침저녁으로 보충하고, 미네랄블럭도 항상 핥아 먹을 수 있도록 좋은 위치에 설치한다. 축사의 남서측에 햇빛막음을 설치하면 좋다. 경증인 경우에는 시원한 장소로 산양을 옮겨, 선풍기로 바람을 쏘이고 냉수를 마시게 한다.

목부근에 찬 보냉제를 대주거나, 냉수샤워를 하여 체온을 내려 주면 효과가 있다. 중증인 경우에는 수의사에게 강심제의 주사나 링겔액 등의 주사치료를 의뢰할 필요가 있다.

6. 감기 폐렴, 7. 열사병: 계절의 변화에 따라, 산양의 몸상태가 나빠지지 않도록 늘 신경써 주어야 한다.

9. 요마비

사육장 부근에서 소를 사육하고 있는 경우, 매월 1회의 구충제를 투여하여 예방하는 것을 잊지 말아야 한다.

1) 증상: 아침에는 정상이었던 산양이, 저녁 무렵에는 허리를 세우지 못하게 되거나, 걷는 모습이 이상하게 되면 요마비일 가능성이 있다. 또한, 머리와 목이 좌우로 기울어 갸우뚱한 얼굴을 하게 되거나, 안면신경마비에 의해 채식이 곤란하게 되는 경우도 있다. 체온이나 호흡수, 심박수에 큰 변화가 없고, 식욕이나 배변도 통상대로 행하는 경우가 많다. 기립불능이 오래 계속되면, 쉽게 다른 병이 병발하여 사망하기도 한다.

2) 원인: 본래는 소에 기생하는 지상사상충(힐라리아)가 모기에 의해서 매개되어, 산양의 체내에 들어가 감염자충이 산양의 신경계에 들어가면, 여러 신경마비증상을 일으키게 된다.

3) 대처법: 예방으로서는 휠라리아구서제(안티리콘, 아이보멕 등)을 여름부터 가을에 걸쳐 매월 1회 투여한다. 산양의 걸음걸이나, 눈의 움직임을 주의하여 관찰하고 이상이 보인다면 즉시 구충제를 3~4일간, 연속하여 피하주사하면 회복하는 경우가 있다. 모기가 많은 시기에는, 모기가 싫어하는 노란색 전구를 점등하거나, 축사 주변의 풀더

미나 물웅덩이를 없애도록 하고, 축사 내에 모기향을 설치하여도 부분적으로 효과를 기대할 수 있다.

10. 기생충증

소화관내의 기생충은 산양의 질병 중에서도 발생이 가장 많고, 그 예방과 대책이 매우 중요하다.

대책의 포인트:

▹분변중의 충란검사를 행한다.

▹구충제를 정기적으로 투여한다.

▹구충 후 수일 지났다면, 산양축사의 깔집을 교환하고 석회소독한다.

1) 콕시듐증의 증상: 콕시듐원충이 장관에 기생한다. 새끼산양에게는 가장 피해가 큰 기생충이다. 연변이 계속된 후에 수용성의 설사가 된다. 장점막이 파괴되면 암적색의 혈변이 되고, 빈혈이나 탈수증상이 진행되어 사망하게 된다.

2) 예방과치료: 새끼산양이 연변을 보게 되면 우선 콕시듐증을 의심하고, 충란검사를 의뢰한다. 확인된다면 설파제를 경구투여한다. 매년 사육축사나 운동장이 같은 장소를 사용하는 개인 사육의 경우는, 새끼산양의 이유 전부터 2~3회 사육하는 모든 개체에게 투여하도록 하면 좋다.

11. 염전위충

1) 염전위충의 증상: 선충이 제4위나 소장에 기생하고, 점막에 부착하여, 흡혈하므로써 일어난다. 식욕부진부터 시작하여 빈혈이나 영양불량이 된다. 설사하는 경우는 드물다.

2) 예방과치료: 여름 동안, 2-3회 구충제를 투여한다. 새끼산양은 이유전에 구충하면 좋다.

12. 조충증

1) 조충증의 증상: 소위 사나다충(촌충)이 장내에 기생하여 영양의 흡수나 장관운동을 방해한다. 중간숙주(진드기: 사라다니)의 체내에서 발육한 유충이 사사라다니와 함께 산양의 체내에서 성충이 된다. 식욕부진, 설사, 빈혈이 일어나고, 분변에 쌀알갱이 형태의 충체가 붙어있거나, 항문으로부터 매달려 나오는 적도 있다. 성충은 길이 1~6m에 이른다.

2) 조충증의 예방과 치료: 새끼산양에 대해 이유 전후에 2~3회 구충제를 투여한다. 구충제인 비치오노-루는 물에 녹기 어려우므로 술에 녹인 후 물로 희석하여 마시게 하면 좋다.

13. 외부 기생충증

1) 외부기생충증의 증상: 이나 진드기가 붙으면 가려움을 느껴 몸을 벙책이나 기둥이나 벽에 긁는 동작을 한다. 피부를 긁거나 하여 부분적으로 탈모가 일어난다.

2) 외부 기생충증의 예방과 치료: 비닐장갑을 끼고 네그본 등의 약액을 바른 타올로 가려운 부분을 적셔 준다. 일반적으로 브러쉬 등으로 진드기 등을 제거해 주면 좋다.

14. 유방염(mastitis)

유방염은 유우, 유산양 등 비유가축에서 체세포증가, 유질저하 및 유량감소 등을 초래하여 경제적인 손실뿐만 아니라 국민보건과 직결되는 유즙의 식품으로서의 안전성을 위협할 수 있는 위해요소이기도 하다.

유산양에서 유방염은 유방의 염증상태 그리고 분방유즙 체세포가 1×106/㎖ 이상 증가된 경우를 말한다(White and Hinckley, 1999). 유방염은 육안 또는 촉감을 통해서 진단할 수 있는 임상형과, 체세포검사 또는 미생물 분리 등을 통해 진단할 수 있는 준임상형으로 대별할 수 있다.

Haenlein(2002)는 산양유에서 유방염을 일으키는 미생물을 분리한 연구에서 Staphylococcus spp.(59%), Bacillus spp.(30%), Coliforms(4%), Micrococcus spp.(3%), Streptococcus spp.(2%), Corynebacterium spp. 및 pseudomonas spp.가 각각 1%라고 보고하였다. Contreras 등(1999)은 유방염 발생률 34% 중 가장 많이 검출된 유해균은 staphylococci(96%)였으며 그 중 Staphylococcus epidermidis가 67%라고 하였다. Coagulase-negative staphylococci(CNS)인 S. epidermidis는 유산양의 유선에 침투하는 잠재적인 병원균으로 준임상형 유방염을 일으키고(Deinhofer and Pernthaner, 1995) 체세포수를 증가시키며 만성 유방염을 일으킨다(Contreras et al., 1997, 1999). Coagulase-positive staphylococci인 S. aureus는 유산양의 유선에 가장 심각한 병원성을 야기하는 세균으로 감염되면 준임상형, 만성형, 급성형 유방염을 일으키고, 심하게 진행되면 괴저성 유방염

까지 일으킨다(White and Hinckley, 1999). 원유에 Staphylococcus aureus가 오염되면 독소를 생산하므로 식중동을 야기할 수도 있다.

한편 국내 유산양 분방 유즙을 대상으로 한 세균조사에서 전체 조사 개체 중 39.1%가 감염상태였으며 Staphylococcus spp.(82.6%), Streptococcus spp.(2.7%), 그리고 Corynebacterium spp., Enterococcus spp., Pasturella spp.가 각각 1.8%씩 분리되었다.

이를 바탕으로 유방염에 대한 연구가 지속적으로 이루어져야 하며, 예방 및 치료방법이 현장에 적용되어야 할 것이다.

15. 관절염 뇌염(CAEV : caprine arthritis encephalitis virus)

염소 관절염 뇌염(CAEV)은 항체가 존재하는지를 보는 혈액 테스트로 검출될 수 있는 염소의 바이러스성 질병이다. 이 질병의 최종 임상 효과는 동물 복지와 경제적인 면에 엄청난 피해를 준다. 그러나 감염은 상대적으로 가볍고, 특히 초기 단계에서 쉽게 놓칠 수 있다. 바이러스가 염소에 오지 못하도록 유지하는 것이 가장 중요하다. 증상은 급격한 건강 악화, 통증이 있는 무릎 관절염과 경화성의(굳어지는) 유선염이다.

이 질병과 경제적 손실을 과소평가하지 않는 것이 중요하다. 일단 염소가 감염되면 평생 바이러스가 남아있게 된다. 바이러스는 숙주 안에서 검출되지 않고 숨어있을 수 있다. 혈액내 항체가 변하기 때문에, 감염된 염소가 테스트에서 양성으로 나오지 않을 수 있다. 이것이 바이러스가 일으키는 질병을 없애기 위해 혈액 테스트를 정기적(약 2년 주기)으로 해야 하는 이유이다.

질병으로 인한 가시적인 증상과 거의 치명적인 상태를 발견하지 못할 수도 있다. 예로, 80년대 후반 몇 프랑스 농장주들이 몇 마리에서 증상을 발견했을 때 이미 100% 감염이 된 상태였고, 도태 이외에 대안이 없게 되었으며, 평균 연령이 2.5년으로 떨어지게 되었다.

CAE 바이러스는 초유와 모유를 통한 감염 위험이 가장 높다. 이것은 초유와 모유를 통에 부어놓고 새끼 염소에게 먹이는 경우에, 감염된 염소가 있는 무리내에서 감염이 빠르고 넓게 전파되는 주요한 매개물이 된다. 그리고 어떤 염소가 감염되었는지 모를 경우 문제가 된다. 예전에 감염된 모유를 담았거나 깨끗하게 씻지 않은 양동이도 바이러스를 퍼지게 하는 데 충분하다는 것을 염두해 두어야 한다.

교미 시에 전파될 수 있다. 수컷이 암컷에 의해 더 잘 감염된다는 의견도 있지만, 그렇다고 건강상태를 모르는 수컷을 교미에 이용하는 위험을 감수할 필요는 없다.

또한 실험을 통해, 염소가 일정기간 이상 가깝게 접촉된 상태로 있을 때 수평적으로 바이러스 전파가 일어나는 것을 알 수 있었다.

국내 유산양의 CAEV 감염 수준은 아직 통계자료가 없는 실정이다. 외국의 경우에도 발생율은 높지 않은 것으로 보고 되고 있으며, 영국의 경우 조사대상의 약 3% 범위에서 증상을 보였다고 보고하였다.

제XII장 산양으로부터 받는 여러 형태의 혜택들

산양의 혜택 1. 산양유

영양풍부하고 몸에 좋은 산양유는, 치-즈나 요쿠르트 등의 유가공품으로 만들면, 더욱 훌륭한 기능성식품이 된다. 산양유의 일반성분 비교는 아래 표와 같다.

(표XII.1.1. 주요 포유동물의 유즙 성분조성(Mean Values per 100g fresh milk, Haenlein, 1984)

Constituents	Goat	Cow	Human
Fat (g)	3.8	3.6	4.0
Protein (g)	3.5	3.3	1.2
Lactose (g)	4.1	4.6	6.9
Ash (g)	0.8	0.7	0.2
Total Solids (g)	12.2	12.3	12.3
Calories (cal)	70	69	68

가축으로서의 산양의 역사는 오래되었다. 서아시아에서 신석기시대의 유적으로부터 산양의 유골이 발견된 것으로서 산양의 가축화는 소나 양보다 오래되었다고 알려져 있다. 최초로 착유가 행해진 가축도 산양이었으며, 치-즈나 버-터 등의 유제품제조도, 산양의 젖으로부터 시작되었다. 산양은 한국 자아넨종의 경우, 출산후 반 년

간은 젖이 계속해서 나온다. 새끼산양의 이유는 생후 2개월정도. 조기이유라면 40일정도 이므로, 새끼산양이 이유하고 나서라도 충분히 착유할 수 있다. 착유는 아침저녁 2회. 산양의 젖은 주변의 냄새가 배지 않도록 하기 위해 산양축사로부터 데리고 나와 착유하는 것이 좋다. 산양사에서 착유하는 경우에는 사내를 청결하게 유지하고, 착유한 젖은 곧바로 저온살균 한다. 수컷산양은 산양취가 강하므로 근처에서의 착유는 피하도록 한다. 산양유는 자양과 영양이 풍부하고, "몸에 좋은 음료수"로서 예부터 많이 마셔왔다. 현재 60대 이상의 사람들에게 있어서는 산양의 젖은 "어릴 적에 자주 먹던 추억의 맛"이기도 하다. 소화 잘되고, 설사나지 않기 때문에 동물원에서도 자주 여러 동물들의 포유용 우유로서 중요시되었다. 산양유는 우유에 비해 지방구가 6분의 1정도로 작다. 그런 이유로 소화흡수가 뛰어나고 설사나 변비를 일으키기 쉬운 사람, 체력이 떨어진 사람 등에게는 어느 음료보다 뛰어난 유음료이다. 유질, 유성분은 사람의 모유에 가깝고, 예부터 모유가 나오지 않을 때 아기의 대용유로서 이용되어 왔다. 또한, 우유 알레르기의 원인이 되는 알파-S1-카제인이 우유에 비해 적게 함유되어 우유 알레르기의 사람에게도 적합하다. 단, 알레르기 원인물질은 알파-S1-카제인 만은 아니므로 100% 알레르기를 일으키지 않는다고는 단언할 수 없다. 영양분을 우유와 비교하면 단백질, 지방, 미네랄, 칼슘, 비타민B2 함유량 등이 높다. 우유와 비교할 때 산양유에는 칼슘이 13%, 비타민A가 47%, 칼륨이 134%, 나이아신이 350% 더 많이 함유되어 있다. 무기염류 중에서 Cl, Cu, Mg도 높게 함유되어 있고, 셀레늄은 우유중에는 9.6ng/mℓ 함유되어 있는 것에 비하여 산양유중에는 13.3ng/mℓ으로 약28% 정도 함유량이 많다. 그러나 비타민 C, 비타민 D, 비타민 B12 및 엽산은 부족하며, 특히 엽산은 6㎍/ℓ 로서 우유나 모유의 50~55㎍/ℓ 에 비하여 적다(표XII.1.2.).

표XII 1.2. 산양유, 우유, 모유의 미네랄과 비타민성분의 함량비교(g per 100g fresh milk, Park,1989)

Constituents	Goat	Cow	Human
Mineral			
Ca (㎎)	134	122	33
P (㎎)	121	119	43
Mg (㎎)	16	12	4
K (㎎)	181	152	55
Na (㎎)	41	58	15
Cl (㎎)	150	100	60
S (㎎)	2.89	–	–
Fe (㎎)	0.07	0.08	0.20
Cu (㎎)	0.05	0.06	0.06
Mn (㎎)	0.032	0.02	0.07
Zn (㎎)	0.56	0.53	0.38
I (㎎)	0.022	0.021	0.007
Se(㎍)	1.33	0.96	1.52
Vitamin			
Vitamin A(I.U.)	185	126	190
Vitamin D(I.U.)	2.3	2.0	1.4
Thiamine (㎎)	0.068	0.045	0.017
Riboflavin (㎎)	0.21	0.16	0.02
Niacin (㎎)	0.27	0.08	0.17
Pantothenic acid (㎎)	0.31	0.32	0.20
Vitamin B6 (㎎)	0.046	0.042	0.011
Folic acid (㎍)	1.0	5.0	5.5
Biotin (㎍)	1.5	2.0	0.4
Vitamin B12 (㎍)	0.065	0.357	0.03
Vitamin C (㎎)	1.29	0.94	5.00

요쿠르트나 아이스크림, 치-즈 등의 산양의 유가공제품은, 뛰어난 영양가를 그대로 살린 기능성식품이기도 하다. 산양유가 발효, 숙성하는 과정에서는, 칼슘은 흡수하기 좋은 수용성으로 되고, 유산균이랑 효소가 단백질이랑 지방을 분해한다. 유지방에는 중쇄지방산이 많이 함유된 형태 그대로, 알레르기성도 낮은 그대로, 소화에도 좋은 가공품이 되는 것이다. 산양유 치-즈는 “쉐-부루”라고 총칭되며, 프랑스 등에서는 미식가들 잔치의 음식재료로서, 몸에 좋을 뿐만 아니고, 맛으로도 즐길 수 있게 하여 준다.

1.1. 산양유의 레시피

1.1.1. 아이스크림

[재료]: 산양유 1ℓ, 생크림500mℓ, 사탕120g, 물엿50g, 난황4개, 바닐라엣센스1-2방울

[만드는 방법]

① 산양유를 냄비에 넣고, 85도까지 가열멸균한다.

② ①에 사탕과 물엿을 넣고 녹인다.

③ 냄비채보-루에 넣은 냉수에 넣어 잘 식힌다.

④ 생크림을 거품낸다.

⑤ ③에 난황을 넣고 잘 섞는다

⑥ 이것을 ④와 섞어 ③과 함께, 바닐라엣센스를 첨가한다.

⑦ 냉장고에서 4시간 식힌다(가능하면 12-24시간).

⑧ 식힌 재료를 아이스크리머에 넣고, 40~50분으로 완성된다.

1.1.2. 요쿠르트

[재료 4인분]: 산양유 800mℓ, 칼피스400mℓ, 레몬1개, 한천 8g,

[만드는 방법]

① 한천에 800-1200㎖의 물을 넣고, 중탕으로 끓인다.

② 산양유를 끓기 직전까지 끓여, 불로부터 내려놓는다.

③ 칼피스, 레몬의 즙을 넣고, ①이 녹은 한천과 섞는다.

④ 강한 불을 치우고, 냉장고에서 식혀서 완성시킨다.

* 요쿠르트에는 계절의 과일이나 잼을 발라서 먹는 것을 권하고 싶다.

1.1.3. 푸린

[재료 10인분]: 산양유 550㎖,전란 난황 각3개, 구라뉴-당(잘정제된 보통설탕) 70g, (+100g), 바닐라엣센스5~6방울, 버-터 적당량, (캐러멜소-스), 물 40㎖, 열탕 10㎖

[만드는 방법]

① 캐러멜소-스를 만든다. 물과 설탕을 중불로서 끓여 투명한 황색이 되면 불을 끄고, 열탕을 가해 섞는다.

② 뜨거운 중에 버-터를 바른 컵에 나누어 넣어 둔다.

③ 냄비에 산양유와 정제설탕을 넣고, 너무 뜨겁지 않도록 중불로 하여 저어 주면서 녹인다.

④ 달걀을 거품이 일지 않도록 잘 녹여 풀어서 ③을 조금씩 첨가하여 섞는다.

⑤ 여과기로 걸른 후, 바니라엣센스를 첨가해, ②에 붓고 나눈다.

⑥ 오븐의 철판에 끓인 물을 붓고, 170도에서 30분간 찐다. 손가락으로 가볍게 눌러 탄력이 있으면 찜완성.

⑦ 중간 불(조열)을 빼고 식혀서, 형틀로부터 빼어내 완성.

1.1.4. 카테지 치-즈

[재료]: 산양유1ℓ, 식초30mℓ(레몬쥬스30mℓ로도 가능)

[만드는방법]

① 산양유를 냄비에 넣고 중불을 붙인다.

② 끓기 직전에 불을 끄고, 식초를 고루 넣어, 분리되기 시작하면, 천천히 나무주걱으로 저어 완전하게 분리시킨다.

③ 무명천을 깐 소쿠리에 ②를 흘려 걸른다.

④ 한참을 그대로 놓아둔 후, 좋아하는 딱딱함 정도가 되었다면 완성. (그대로 먹을 수도 있지만, 소금이나 간장을 첨가하면, 사라다나 빵 등에 잘 어울린다. 꿀을 발라 디저트용으로 먹는 것도 좋다.)

산양의 혜택 2. 산양육

알프스산중에서 냉동상태로 발견된 약 5000년전의 미이라인 "아이스맨"의 위에 남아있었던 것은, 대량의 산양육이었다고 한다. 산양을 먹는 음식문화는 세계의 도처에 있다. 산양의 젖과 고기는, 예나 지금이나 인류에 있어 귀중한 단백질원이다. 동남아시아의 산양요리는 여러 재료를 넣고 푹 끓이는 요리가 많고, 베트남에서는 냄비요리나 불고기, 중국에서는 스-프나 냄비요리, 남아시아에서는 카레의 재료가 된다. 지중해연안에는 산양의 뼈로 스-프를 만드는 음식문화가 있다. 산양육에는 독특한 취가 있고, 그 냄새를 없애기 위해서 향초 등과 함께 끓이는 요리가 전체적으로는 많은 것 같다. 이웃나라 일본에서 산양요리라고 하면 오키나와가 유명. 오키나와에서는 산양고기를 "히-쟈"라고 부르며, 축하할 일이나 경축일 등에 산양요리가 자주 등장한다. 산양즙이나 산양회가 대표적인 요리이며, 산양육과

지방, 내장을 산양피와 된장으로 바짝 조린 "치-이리치-"는 밥반찬으로 인기가 좋다. 고환의 사시미는 진미로서, 오키나와에서는 최고의 영양강장제이다. 오키나와에서는 산양은 버릴 것이 없고, 뿔도 악기(산신)을 연주하는 치미(손톱,채)로서 사용된다. 산양육의 영양가는 고단백으로, 지방분은 소의 50-65%이고 저지방. 필수아미노산인 라이신이랑, 항산화작용이 있는 것으로 주목받고 있는 안세린이 다량으로 함유되어 있는 건강식품이다. 고기자체의 맛은 사슴고기나 송아지고기맛에 유사한 냄새가 없는 풍미이지만, 지방분에 독특한 취가 있다. 고기를 숙성시키게 되면 그 취를 더욱 증가시키게 되므로 고기는 신선한 편이 먹는데 좋을 것이다. 스-프도 하룻밤 지나면 냄새를 발생시킨다. 오키나와의 산양즙도 독특한 냄새가 특징이며, 관광객에게는 그 냄새가 강렬한 인상으로 오래도록 남게될 것이다. 그러나, 지역주민에게는 그 냄새야말로 최고라고 자랑한다. 회는 쫄깃쫄깃하고 냄새도 비교적 약하다. 세계의 산양요리 중에서도 생식은 흔치 않고, 오키나와가 자랑하는 전통의 식문화이다. 산양을 도축하는 경우는, 육용종의 산양이 적당하지만, 유용종의 산양이라도 먹을 수 있다.유산양은 주된 사육 목적이 유즙의 생산이지만 자축의 50%가 수컷이며, 생산효율이 떨어지는 열성형질 및 노령 개체는 선별 분리하는 것이 효율적이므로 고기로 활용하여 가치를 높일 수 있다.

종축으로 이용되지 않을 수컷 새끼산양은 거세시키는 것이 바람직하며, 육용목적으로 이용하기 위해서는 육질개선을 위해 곡물사료로 사육할 수 도 있다. 양질의 고기를 얻기 위해서는 보통 12개월령 이전에 도축한다. 생산성이 떨어진 고령의 암컷은 훈제소시지(salami) 등의 특별한 형태로 가공하여 품질을 높일 수 있다.

소비자의 식생활 형태는 경제적 수준에 따라 변화되는데, 현재 우리나라는 빠른 경제발달과 함께 식생활 수준 또한 많은 변화와 향상을 가져왔다. 식생활 수준의 향상에 걸맞는 다양한 상품을 공급하기 위해서는 산양고기의 생산 시스템도 양질의 고기를 양산할 수 있는 사육기술과 아울러 위생적이고 과학적인 도축 및 가공시설이 마련되어야 할 것이다.

한편, 친환경적인 환경에서 사육되며, 영양소 함유량 비교표에서 보이는 것과 같이(표XII-2.1.), 고단백식품이면서 저지방식품인 산양육은 건강 지향적이며 비만을 염려하는 소비자들에게는 높은 선호도를 보일 수 있다. 하지만 지방 함유량이 낮은 육류는 맛에 있어서 선호도가 떨어지는 경향이 있다. 기능성이 뛰어난 제품일지라도 소비자의 구매가 지속적으로 반복되지 못할 경우에는 상품으로서의 가치가 떨어지게 되고 경제성을 잃게 될 것이다. 따라서 산양육의 상품화를 위해서는 상기한 내용들을 충분히 고려하여 제공하는 것이 중요할 것이다. 산양육의 가공에는 특유의 냄새를 없애기 위해 마늘, 양파 등 기본적인 재료 외에도 여러 가지 허브를 이용하여 맛을 좋게 할 수 있다.

(표 XII 2.1. 각 육류별 가식부 100g당 영양소 함유량 비교)

구분	에너지 (Kcal)	수분 (%)	단백질 (g)	지질 (g)	탄소화물 (g)	회분 (g)	칼슘 (mg)	인 (mg)	철분 (mg)
한우 등심	192	67.4	20.1	11.3	0.2	1.0	22	172	4.6
한우 안심	148	71.6	20.8	6.3	0.2	1.1	23	175	4.7
돼지 갈비	208	65.8	18.5	13.9	0.8	1.0	12	196	0.4
돼지 등심	262	61.5	17.4	19.9	0.2	1.0	6	152	0.8
양 살코기	144	74.4	16.4	8.0	?	1.2	7	210	2.0
산양 고기	107	75.4	21.9	1.5	0.2	1.0	7	170	3.8

자료 : 농촌생활과학시험연구보고서(1998) 외

산양의 혜택 3. 산양털 모피

사람의 의식에 예부터 뗄 수 없는 관계를 맺어 온 산양의 털과 모피. 식육생산의 부산물이지만, 종류에 따라서는 의외로 고급품이 많다. 모헤아에 캐시미아, 몽골띠. 사랑스런 산양들은, 고급브랜드품으로 변신을 마친다.

산양털의 생산은 남아프리카나 중앙아시아 산악지대에서 활발하게 행해지고 있다. 유용종이나 육용종의 일반적인 산양의 털은 거의 거친 털이고 섬유로서의 가치는 높지 않다. 그러나 앙고라종으로부터 생산되는 모헤야와 캐시미야는 고급섬유물의 원료로서 잘 알려져 있다. 앙고라종은 터어키의 앙카라(옛날명 앙고라)가 원산지이고, 별명 모헤야 산양이라고도 한다. 주로 터어키나 남북 아메리카, 호주, 뉴질랜드의 건조지대에서 사육되고, 일본에서도 후꾸오까현의 개인목장에서 사육되고 있었다. 털의 길이는 1년에 20-30cm자라며, 1년에 봄과 가을의 2번 털갈이가 되고 출하된다. 앙고라종은 구약성서에도 나오는 오래된 산양이며, 그 털로 뽑는 모헤야는 견과 같은 광택을 갖고, 가볍고 부드럽고, 더욱이 튼튼한 직물로서 예부터 사람들을 매료시켰다. 우리나라에 비해 고온다습한 일본에서도, 통기성이 좋고 주름지기 어려운 모헤야 셔츠는 여름용으로서 제일 인기이다. 모헤야의 생산량은, 현재도 터어키가 세계1위를 자랑하고 있다. 캐시미야는 캐시미야종 산양털 중, 긴털(거친털)의 밑에 붙어 있는 하모(면모, 부드러운 털)을 가리킨다. 보온성과 보습성에 뛰어나고, 섬유는 섬세하고 가볍고, 섬세하고 부드럽다. 쉐타나 마후라-, 모포 등 폭넓은 용도로 수요가 있다. 캐시미야의 이름의 유래는 캐시미야종의 원산지인 인도북부고산지대의 "캐시미루지방"의 이름에서 유래하고 있다.

중국북서부나 중앙아시아, 네팔, 몽골, 이란의 고지 등의 추위더위가 심한 환경하에서 사육되고, 중국이 최대의 생산국이 되고 있다. 캐시미야종은 심한 겨울의 추위를 이겨내기 위해, 거친 털속에 미세한 아랫 털을 갖추고 있다. 봄에는 빠져 탈락하므로, 탈모하기 전에 밑의 털만을 조심스럽게 빗으로 모아둔다. 생산량은 적어 1두로부터 불과 150-250g 이상 얻기 어렵다. 1벌의 세타를 짜는데 캐시미야종 4두의 아랫털이 필요한 셈이다. 캐시미야섬은 "섬유의 보석"이라고도 불리우는 고급소재의 대표격. 양모 등을 섞어 위장하는 경우가 끊이지 않고, 그 세계의 유통량은 생산량의 4배나 된다라고도 한다. 산양은 모피도 남김없이 이용되고 있다. 산양모피는 얇고 부드럽고, 더욱이 튼튼하고 형태가 변하지 않는다. 중앙아시아 산악지대나 서아시아의 유목민은, 예부터 의류나 용기, 텐트원단의 소재로서 소중하게 이용된다. 고대로부터 양의 모피와 함께 모피종이의 소재로서의 수요도 있고, 법전이나 중요한 책자 등에 이용되어 왔다. 현재 산양혁대의 생산가공은 국내에서는 되고 있지 않고, 중국이나 인도, 파키스탄이 주요생산지가 되고 있다. 모피는 피혁원료 이외 제라친이나 사료, 비료의 제조에도 사용되고 있다. 산양모피는 촉감이 보들보들하고 부드럽다. 지명도는 소나 말의 모피보다 떨어지지만, 실용성은 높다. 가공법에 따라서는 표면에 아름다운 광택을 내게 할 수도 있고, 유명고급브랜드의 소재로서도 자주 눈에 들어 온다. 산양모피는 연령에 따라 호칭이 바뀌고, 새끼산양의 혁대를 킷또스킨, 성축산양의 산양모피를 고스트스킨이라 부른다. 전자는 간격이 잘고, 얇고 튼튼한 성질이 특징. 가죽장갑이나 구두, 핸드백의 소재로서 이용되고, 고급품으로서 인기가 높다. 고스트스킨은 강도와 내구성이 좋고, 벨트나 지갑, 백, 쟈켓 등에 사용된다. 바이크 쟈켓이나 후라이트쟈켓은 고스트스킨이 많이 애용되고, 미해군의 후라이트 쟈켓은 오랫동안 고스트스킨을 채용하여 왔다. 타악기의 겉피로서도 수요가 있고, 일본에서도 오키나와지방의 전통공예품으로 산양가죽 북이 있다. 산양 가죽구두나 쟈켓은 신으면 신을수록, 입으면 입을수록, 몸에 맞고, 튼튼하며 본래의 형이 변하지 않는다. 껍질은 식육생산의 부산물로서 생산되지만, 그 높은 이용가치는 사람의 생활속에서 깊이 역할을 담당하고 있다. 산양껍질의 중에서도, 특히 모로코산의 "모로코가죽"은, 얇고 아름다운 양질의 고급브랜드 가죽으로 알려져, 책의 겉표지, 란부쉐도우, 고급가죽수첩 등에 소중하게 사용된다.

산양의 혜택 4. 음식이외의 이용법

4.1. 산양유비누

4.1.1. 재료: 올리브오일 175g, 코코너츠오일 150g, 팜오일 150g, 코코아버터- 25g, GSE 5g, 가성소-다 68g, 정제수 100g, 산양유 80g, 바닐라 후래구란스오일 약10㎖

* GSE: 방부와 살균효과가 있는 그래-브과일의 종류로부터 추출되었다. 천연원료유래.

4.1.2. 만드는 방법: ① 내열성유리용기에 차게 한 정제수와 산양유를 무게를 측정하여 혼합하여 둔다.

② ①에 무게를 측정하여 둔 가성소-다를 넣고, 완전히 용해한다. *바로 차색이 되어 자극적인 냄새가 발생하고 온도도 올라가므로 환기를 시키는 것에 주의를 기울인다. 산양유와 소-다가 분리하기 쉬우므로 잘 섞는다.

③ 가성소-다가 완전하게 녹았다면 냉수가 들어있는 사발에 넣고, 40℃정도가 될 때까지 식힌다.

④ 사발에 각 오일을 측정하여 합쳐, 오일이 들어 있는 사발을 중탕에 걸고 온도를 40℃까지 올린다.

⑤ ④에 소량씩 가성소-다를 첨가하면서, 거품내는 기구를 사용하여 빠르게 저어서 섞는다.

⑥ 모형이 나왔다면, 후래그랜스오일과 GSE를 넣고 거품일구기로 전체를 잘 혼합한다.

⑦ 형틀에 흘려, 모포나 타올, 추울 때는 보온시트나 발포스티롤안에 넣고 24시간 보온한다. 너무 부드러울 때는, 다시 1-2일 건조시켜 완성.

(*냉장고에 넣어 딱딱하게 굳지 않도록 할 것 !!)

4.2. 비료

4.2.1.재료: 산양의 분, 왕겨

4.2.2.만드는방법: ①. 산양의 분을 모아, 왕겨와 함께 섞는다.

② 두께 50㎝정도로 하여, 시트를 덮는다.

③ 비를 피해, 완전하게 발열발효시키므로써 잡균을 제거한다. 반년정도 지나면 비료가 완성된다. 통기성이 좋은 산양의 분은 발효가 쉽고, 양질의 비료가 된다.

참고문헌

1. Omondi et al., 2008; Omondi, I.A., Baitenweck, I., Drucker, A.G., Obare, G.A. and Zander, K.K. 2008 Valuing goat genetic resources: a pro-poor growth strategy in the Kenyan semi-arid tropics. Tropical Anim. Health and Prod., 40:583-596.
2. Jaudas, U. 1989. The New Goat Handbook, Barron's Educational Series, Inc., Hongkong, China, 93pp.
3. Solaiman, S.G., 2010; Goat Science and Production, Wiley-Blackwell.
4. Aich, A.E., 2003; News from Morocco, IGA Newslett., 25.
5. FAO, 2000; World Watch List of Domestic Animal Diversity.
6. British Goat Society 1879. http://www.allgoats.com
7. FAO, 2002. Production Yearbook. 2001. Food & Agriculture Organization Publ., Rome, Italy, vol.55:261pp.
8. FAO, 1990. Production Yearbook. 1990.Food & Agriculture Organization Publ., Rome, Italy, vol.44:283pp.
9. FAO, 2014. FAOSTAT. [cited 17 February 2014]. Available from fttp://fraostat.rao.org/site/573/default.aspx
10. MIFAFF,2011.농림축산식품부 농림축산식품통계연보, 132.
11. 野澤　謙 · 西田隆雄. 1981. : 家畜と人間. 出光書店.
12. NRC. Nutrient Requirements of Goats. : Angora, Dairy, and Meat Goats in Temperate and Tropical Countries. National Tesearch Council, National Academy Press, Washington. D.C., U.S.A., Nutrients requirments of Domestic Animals Series No.15. 91pp.9. 1981.
13. Kim, J.W. 2001. 제 10 장. 착유우의 사양. 낙농자원학, J.W.Kim편, 선진문화사, 서울, 한국, 265-299pp.
14. 今井明夫　監修° 2011. : ヤギと暮らす° 株式会社地球丸° 67pp.
15. 今井明夫　監修° 2011. : ヤギと暮らす° 株式会社地球丸° 71pp.
16. 今井明夫　監修° 2011. : ヤギと暮らす° 株式会社地球丸° 87pp.
17. Ricordeau, G. 1991b. Breeding Programmes and production recording in goats. In: Genetic Resources of Pig, Sheep and Goat., B8, Maijala, K.(ed.), Elsevier Science Publ., Amsterdam, The Netherlands, World Anim. Sci. Series., 495-516pp.
18. 中西良孝´ 2009. : やぎ飼いになる° 株式会社誠文堂新光社° 42-43pp.
19. British Goat Society, 1879. http://www.allgoats.com

별표 X-3.1. 산양의 1일 영양소요구량

(자료출처 : NRC, 1981)

체중 (kg)	사료에너지		조단백질		칼슘 (g)	인 (g)	비타민	
	TDN (g)	정미에너지 (Mcal)	총단백질 (g)	가소화 단백질(g)			A (1000IU)	D (IU)
------유지 요구량(사사, 최소활동, 임신초기 포함)------								
10kg	159	0.32	22	15	1	0.7	0.4	84
20	267	0.54	38	26	1	0.7	0.7	144
30	362	0.73	51	35	2	1.4	0.9	195
40	448	0.91	63	43	2	1.4	1.2	243
50	530	1.08	75	51	3	2.1	1.4	285
60	608	1.23	86	59	3	2.1	1.6	327
70	682	1.38	96	66	4	2.8	1.8	369
80	754	1.53	106	73	4	2.8	2.0	408
90	824	1.67	116	80	4	2.8	2.2	444
------유지 요구량 + 낮은활동(25% 증가, 집약적 사양관리, 임신초기)------								
10kg	199	0.40	27	19	1	0.7	0.5	108
20	334	0.68	46	32	2	1.4	0.9	180
30	452	0.92	62	43	2	1.4	1.2	243
40	560	1.14	77	54	3	2.1	1.5	303
50	662	1.34	91	63	4	2.8	1.8	357
60	760	1.54	105	73	4	2.8	2.0	408
70	852	1.73	118	82	5	3.5	2.3	462
80	942	1.91	130	90	5	3.5	2.6	510
90	1030	2.09	142	99	6	4.2	2.8	555
------유지 요구량 + 중간활동(50% 증가, 완경사지에서의 방목, 임신초기)------								
10kg	239	0.48	33	23	1	0.7	0.6	129
20	400	0.81	55	38	2	1.4	1.1	216
30	543	1.10	74	52	3	2.1	1.5	294
40	672	1.36	93	64	4	2.8	1.8	363
50	795	1.62	110	76	4	2.8	2.1	429
60	912	1.84	126	87	5	3.5	2.5	492
70	1023	2.07	141	98	6	4.2	2.8	552
80	1131	2.30	156	108	6	4.2	3.0	609
90	1236	2.50	170	118	7	4.9	3.3	666
유지 요구량 + 높은활동(75% 증가, 빈약한 초지 및 산간 초지에서의 방목, 임신초기)								
10kg	278	0.56	38	26	2	1.4	0.8	150
20	467	0.94	64	45	2	1.4	1.3	252

30	634	1.28	87	60	3	2.1	1.7	342
40	784	1.59	108	75	4	2.8	2.1	423
50	928	1.89	128	89	5	3.5	2.5	501
60	1064	2.15	146	102	6	4.2	2.9	576
70	1194	2.42	165	114	6	4.2	3.2	642
80	1320	2.68	182	126	7	4.9	3.6	711
90	1442	2.92	198	138	8	5.6	3.9	777
-----영양소 추가 요구량(임신 후반기)-----								
전체	397	0.80	82	57	2	1.4	1.1	213
-----영양소 추가 요구량(50g 증체/일)-----								
전체	100	0.20	14	10	1	0.7	0.3	54
-----영양소 추가 요구량(100g 증체/일)-----								
전체	200	0.40	28	20	1	0.7	0.5	108
-----영양소 추가 요구량(150g 증체/일)-----								
전체	300	0.60	42	30	2	1.4	0.8	162
-----유지율(%)별 영양소 추가 요구량(원유 1kg 당)-----								
2.5%	333	0.68	59	42	2	1.4	3.8	760
3.0%	337	0.68	64	45	2	1.4	3.8	760
3.5%	342	0.69	68	48	2	1.4	3.8	760
4.0%	346	0.70	72	51	3	2.1	3.8	760
4.5%	351	0.71	77	54	3	2.1	3.8	760
5.0%	356	0.72	82	57	3	2.1	3.8	760

별표X-3.2. 원료사료의 영양소 함량, 건물기준

(자료출처 : 낙농자원학, 2000)

사료명	DM (%)	TDN (%)	NEL (Mcal/kg)	CP (%)	Ca(%)	P(%)	비타민(IU/kg)	
							A	D
옥수수사일리지	33	70	1.60	8.1	0.23	0.22	0.006	-
알팔파 건초	90	60	1.35	18.0	1.41	0.22	0.033	-
대두박(44% CP)	89	84	1.94	49.9	0.30	0.68	-	-
옥수수 알곡	84	83	1.91	9.0	0.07	0.27	0.001	-
볏짚	91	41	0.88	4.5	0.21	0.08	-	-
임자박(들깻묵)	90	80	1.80	41.6	0.83	1.23	-	-

① NEL(Net Energy for Lactation), 비유를 위한 정미에너지 : 사료의 총에너지 중 가축이 섭취한 후에 분, 뇨, 가스 및 발효열 등으로

손실된 에너지량을 모두 제외하고 순수하게 개체유지나 비유에만 이용될 수 있는 에너지량을 의미한다.

② TDN(Total Digestible Nutrients), 가소화영양소총량 : 주요 에너지원인 탄수화물, 지방 및 단백질이 소화되어 흡수되고, 흡수된 양이 에너지로 전환될 수 있는 총에너지량을 계산한 값을 의미한다.
TDN(% 또는 kg)=가소화탄수화물+(가소화조지방×2.25)+가소화단백질

③ CP(Crude Protein), 조단백질 : 사료내에 함유된 순단백질(pure protein)과 단백질이 아닌 질소화합물(nitrogen compounds)을 모두 포함한 것을 의미한다.

별표X-3.3. 월별사양관리

월	주 요 업 무
1월	(1) 분만사 및 자축사 준비 (2) 초지와 사료포에 퇴비 살포 (3) 착유축 매월 1회 이상 C.M.T. 실시
2월	(1) 자축분만; 자축관리(인공포유, 개체표시, 제각, 거세 등) (2) 하절기 분만축 수정
3월	(1) 자축분만 (2) 하절기 분만축 수정 (3) 내외부 기생충 구제
4월	(1)착유기 점검(음압, 맥동수 등)
5월	(1) 담금먹이용 옥수수 파종
6월	(1) 분만사 및 자축사 준비 (2) 발굽깍기 (3) 장마대비(배수로 및 축사천정 및 바닥 등 시설정비)
7월	(1) 자축분만
8월	(1) 자축분만
9월	(1) 동절기용 조사료 준비(사일리지, 건초) (2) 내외부 기생충 구제 (3)봄철 분만축 수정
10월	(1) 초지에 보충파종 (2) 사료포에 호밀 등 이모작용 조사료 파종 (3) 월동준비 (4) 봄철 분만축 수정
11/12월	(1) 발굽깍기

부록1

1. 유기축산물 인증심사 항목 및 인증기준 (자료출처 : MIFAFF, 2011)

가. 신청인

세부항목	인증기준	비 고
(1) 유기축산에 대한 자세	-유기축산에 열성이 있는자 및 경영자 조직이어야 하고 투기성축산이 아니라야 한다	
(2) 유기축산 경력	-유기축산 경력이 2년 이상(전환기는 1년 이상)	
(3) 생활양식	-쓰레기는 규정에 맞게 처리 -오 · 폐수는 정화처리된 상태로 방류 또는 유기순환 시킬 것 -기타 생태계파괴 행위를 하지 않을 것	

나. 일반원칙

세부항목	인증기준	비 고
(1) 방사	-방사 가능	-초식가축은 목초지에 접근 가능 -목초지가 없으면 유기사료 제공
(2) 사육 두수	-다음의 사항에 적절한 수	-유기사료 확보 능력 -가축의 건강 -영양균형 및 환경영향
(3) 사양관리 체계	-스트레스를 최소화 -적절한 질병예방 및 건강유지	
(4) 질병에 대한 처방	-수의사의 처방 및 감독하에 의한 약품사용	

다. 경영관리

세부항목	인증기준	비 고
(1) 영농관련 자료	-유기축산물 : 2년 이상 -전환기유기축산물 : 1년 이상	-유해잔류물질 검사 성적서 -가축입식 등 구입사항과 번식내용 -질병발생 및 예방관리 -초지 및 사료포의 토양관리 상황(퇴비액비 살포량 및 시용일자) -사료의 생산, 구입 및 급여내용 -약품사용 및 질병관리의 내용 -생산량, 출하량, 출하처별 거래내역
(2) 생산과 출하 방식	-소비자와 직거래 -유통업체 -계약사육	

라. 사육장 및 사육조건

세부항목	인증기준	비 고
(1) 사육장 요건	-주변에는 공장, 고압선, 고속도로, 철도 등 가축의 사육에 저해요인 및 오염우려가 없을 것 -충분한 활동 면적 -충분한 환기 및 채광 -청결하고 위생적인 시설 -신선한 음수를 접할 수 있어야 한다 -혹한·혹서 및 강우에 대한 대책 -부드러운 구조의 축사 바닥 -분뇨처리시설은 자원화 방법	
(2) 축사 조건	-사료와 음수는 접근이 용이 -공기순환, 온·습도, 먼지, 가스농도가 가축건강에 무해할 것 -적절한 단열·환기시설 -충분한 자연환기와 채광	
(3) 밀도 조건	-가축에게 편안함과 복지를 제공할 수 있을 것 -축군의 크기와 성에 대한 행동적 요구를 만족시킬 수 있을 것	-가축의 품종·계통 및 연령 고려
(4) 축사 장비	-청결 유지 -적절한 소독 실시	
(5) 방목 조건	-방목지에는 부분적인 지붕설치	-임신말기 또는 포유기간은 군사하지 않아도 됨

마. 자급사료 기반

세부항목	인증기준	비 고
(1) 목초지	-초식가축의 경우 목장안에 상시 사육두수를 급여할 수 있는 목초지 확보 -유기농림산물 재배기준에 맞게 재배 -투입하는 유기물은 유기농산물 인증기준에 맞게 사용	-사료작물재배지도 가능 -목초지가 목장 외에 있을때는 인증기관이 인정하는 곳 -전환기 유기축산물은 유기농산물 재배기준에 맞게 재배

바. 가축의 출처 및 입식

세부항목	인증기준	비 고
(1) 품종선택	-지역적인 조건에 적합할 것 -가축의 품종별 특성을 유지할 것 -내병성이 있을 것 -전염병에 감염되지 않을 것 -건강상의 문제가 없을 것	-산간지역·평야지역·해안지역 등 -스트레스 증후군, 습관성 유산 등

사. 전환기간

세부항목	인증기준
식육	생후 6개월
원유	착유양은 90일, 미경산양은 6개월
완화조건	초지에 접근이 용이하고 조방적(자연방목) 사육여건을 구비한 경우

아. 번식방법

세부항목	인증기준	비고
(1) 교배방법	-자연교배를 권장하되 인공수정을 허용	
(2) 금지사항	-수정란 이식 기법 -번식호르몬 -유전공학을 이용한 번식기법	

자. 사료 및 영양관리

세부항목	인증기준	비고
(1) 사료급여	-유기축산물의 경우 유기사료를 85%이상 급여 -전환기 유기축산물의 경우 유기사료는 45%이상, 무농약농산물에 의한 사료는 60%이상 급여 -사일리지만 급여해서는 안됨 -거친조사료를 일정량 급여 유전자변형농산물에 의한 사료 금지 -포유동물에서 유래한 사료는 절대 금지	-2010년 12월 31일 까지 -우유 및 유제품은 사용 가능
(2) 금지물질	- 합성 화합물 -합성질소 또는 비단백태질소화합물 -항생제 · 합성항균제 · 성장촉진제 · 호르몬제 -기타 인위적인 합성 및 유전자 조작에 의한 물질	

차. 질병관리

세부항목	인증기준	비 고
(1) 질병예방 방법	-품종과 계통의 적절한 선택 -사육장 위생관리 -비타민 및 무기물 급여를 통한 면역기능 증진	-구충제, 전염병에 대한 예방백신 사용가능 -긴급한 방역조치가 필요한 경우 -인증기관이 허용하는 방법의 예방조치
(2) 질병에 대한 처방 및 치료	-수의사의 처방에 의한 치료 -동물의약품을 사용한 가축은 해당 약품 휴약기간의 2배가 지날 것 -약초 및 미량물질 사용 가능	-동물의약품은 질병이 있을 때만 사용할 것
(3) 물리적 신체부위 절단 등	-다음 행위는 인증기관이 인정하는 경우와 방법에 한하여 수행	-꼬리부분에 접착밴드 붙이기 -꼬리 자르기 -이빨 자르기 -뿔자르기 등

카. 분뇨의 처리

세부항목	인증기준	비 고
(1) 자원화	-사육시 발생하는 축산 분뇨는 다음과 같은 용도로 사용하여 토양 및 식물과 유기적 순환관계를 유지하여야 함	-퇴비 또는 액비 : 완숙처리 -바이오 가스 등 에너지
(2) 분과 뇨의 분리	-운동장에는 뇨의 집수조 설치	
(3) 처리기간	-분은 매일 수거 처리하여 청결유지	
(4) 퇴비사용 기준	-표면수 오염을 일으키지 않을 것 -장마철에는 사용금지	

타. 최소한의 사육장(축사시설, 운동장, 방목장) 면적

축종	체중 및 단위	축사시설면적(㎡/두)	축사형태
산양	30kg이하	1.5	깔짚양사

* 초식가축의 방목장 면적은 가축의 생리상태를 고려하여 축사 면적의 3배이상 확보해야 함.

부록2

유기축산물 인증심사자료(예시)

1. 신청인

성명(대표자)			
법인(조직)명		조직원수	명
사업자번호 (주민등록번호)			
주소		전화번호	

2. 농장현황

소재지	①	면적(m²)	①
	②		②

※ "면적" 은 축산 관련된 총 면적
(임대, 답리작 사료작물 재배지 등 포함)

□ 가축

축 종	연간 출하두수		총 사육두수			
			합 계	성 축	육성축	자축 (어린가축)
	두	톤				
합 계						

※ 연간 출하두수의 무게(톤)은 생체중량기준

□ 축사 및 부대시설

구 분	축사	운동장 비가림	운동장	축산분뇨 처리시설	사료 보관 시설	기계 장비 창고	산양유 육가 공장	방역 시설	사무실	기타
개소수 (동)										
면적 (㎡)										
자가 /임대										

□ 사료생산 · 구입

○사료재배 · 생산

구 분	합 계	사료작물 (답리작 등)	목 초	부산물 (볏짚, 보릿짚 등)	산야초	기타
면적(㎡)						
연간생산량(톤)						
자가/임대						

○사료구입

구 분	합계	조사료	배합사료	TMR (완전배합사료)	기타
연간구입량 (톤)					

3. 향후 생산계획

□ 가축사육

축종		연간 출하두수	두	톤	총 사육두수	
품목 개수		합 계			합 계	

□ 사료생산

구 분	합 계	사료작물 (답리작 등)	목 초	부산물(볏짚, 보릿짚 등)	산야초	기 타
면적(㎡)					X	
연간생산량 (톤)						

〈첨부〉

인증품생산계획서(축산물)

1. 신청인 : (서명 또는 인)

2. 인증신청 품목명(품종) :

3. 사육시설 및 사육두수

가. 사육시설

구 분	면 적(㎡)	위치(소재지)	비 고
사육장			
목초지			
사료포			
분뇨처리시설			
기타 시설 등			

나. 사육두수

총 사육두수	규격별 사육두수		
	성 축	육성축	자 축

다. 유기사료 확보방안(농후 · 조사료 구분)

라. 축사구조

마. 토양관리(초지, 사료포)

바. 입식 및 번식방법

4. 생산계획량(두)

품목별	1월	2월	3월	4월	5월	6월	7월	8월	9월	10월	11월	12월

5. 사육장 주변여건

6. 분뇨처리시설 및 처리방안

7. 가축질병예방 및 방역대책

8. 출하계획

가. 운송방법

나. 도축 · 가공장 현황

다. 생산품 판매방법

부록3

지정신청 및 심사절차

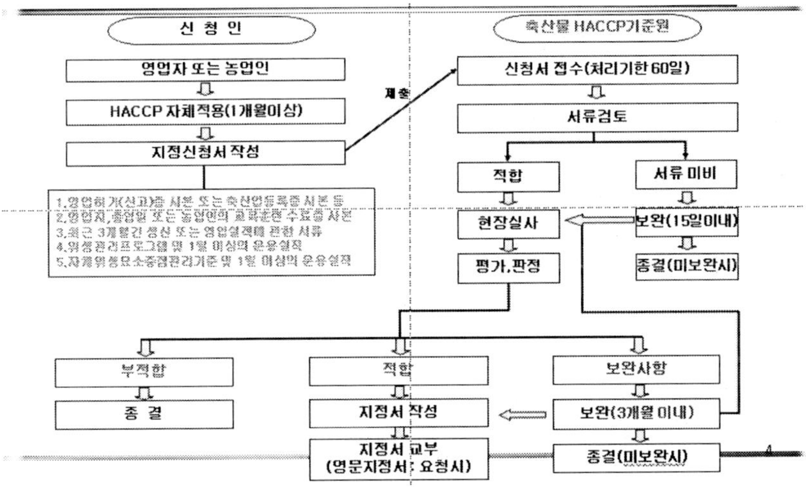

부록4

지정심사방법

평가기준

1. 실시사항평가표를 기준으로 평가
2. 유효성 평가를 적절히 수행했는지의 평가, 실행성 검증실시

심사수행절차

1. 시작회의
   가. 심사원 소개 및 피 심사자와 인사
   나. 심사의 목적 및 일정 설명
   다. 심사관련 질문/답변
2. 본 심사
   가. 심사개시선언
   나. 심사 농장에 대한 설명 청취(농장현황 및 소개)
   다. 현장정보파악(등록증, 사육장배치도, CCP 등)
   라. 현장심사(선행요건프로그램의 적절한 운영)
   마. 서류심사(HACCP관리, 선행요건프로그램, 각종 기록부)
3. 심사원 회의, 총평

세부 심사내용 (예-가축사육단계중 : 한우(소), 젖소의 경우)

1.실사 절차
   가. 농장대표등과 인사

나. 실사농장의 현황파악

1) 규모, 시설, 생산현황, 종업원수, 도입 및 출하 등

다. 현장심사 순서 등 고지

라. HACCP 운영사항 정도 파악

1) 대표자, 팀장, 팀원의 HACCP 이해정도, HACCP팀원의 임무와 권한

2) 중요관리점(CCP)설정 공정, 설정사유 확인

마. 농장 현장심사 확인내용

1) 농장외곽 경계, 농장입구 차단시설, 농장안내문, 방역경고문

2) 경계, 차단시설, 차량, 방문자, 반입물품 소독시설의 설치 운영의 적절성

3) 사육단계별 우사 관리 및 사육밀도의 적절성

4) 사료 및 음수 공급 시설의 관리 및 청결유지

5) 분뇨처리장 바닥의 불침투성 재료여부, 액비탱크의 안전관리

6) 우사입구 발판소독조 운영 여부

7) 농장 시설, 도구 및 신발 등의 청결 관리, 소독

8) 사료보관장소, 사료빈, 자동급이기, 운반도구, 배합기, 음수조, 급수라인의 청결유지 및 정기적인 관리

9) 동물용의약품 관리-유통기한, 사용 후 남은 약품, 빈용기 등

10) 환축 발생 시 격리하여 치료할 수 있는 시설의 적절성

11) 소의 체표면 관리. 특히 출하(예정)소

12) 착유실-착유시설, 방충방서, 환기, 급수, 수세시설의 유무 및 관리

13) 착유실-개폐식 출입문, 조명시설의 설치 및 착유실 청결관리

14) 냉각기-우사 및 착유실과 분리구획여부, 충분한 용량 및 냉각기능, 세척 소독관리

15) 세척 소독액의 식품제조시설용도 여부 확인

바. HACCP 기준서 등 서류검토

1) 모든 HACCP 팀원과 함께 관리기준서 작성에 대한 질문 응수

2) 선행요건프로그램 내용 및 관련일지

☞ 농장관리기준서와 실사 농장에 적절하게 운영될 수 있는지 확인

☞ 해당 기준서에 따라 적절하게 수생되고 있는지 관련일지를 확인

☞ 관련일지 담당자 및 결제자란을 확인, 팀원의 적절한 역할 수행을 체크

3) HACCP 관리기준 확인

☞ HACCP팀구성/역할, 가축설명서, 원유설명서, 생산공정도, 위험률 평가표, 각공정별 위해분석표, 개선조치 사항검토, 검증방법 확인, 정기적 교육 훈련기록

☞ 기준서 확인 시 HACCP 팀원의 이해도/운영능력을 평가

☞ 가축설명서, 원유설명서 확인 시 농장에서 반출되는 모든 경우 확인

☞ HACCP 계획에 대한 정기 교육 및 위생, 방역교육 실시 확인사. 심사결과 회의 및 총평

1) 실사자 간의 회의

2) 총평

부록5

[별지 제35호의2서식] (앞 쪽)

위해요소중점관리기준(HACCP)적용작업장 (업소·농장) 지정신청서	처리기간 60일

신청인	① 영업허가(신고. 등록) 번호			② 영업허가(신고수리. 등록)연월일	
	③ 작업장(업소. 농장)명			④ 전화번호	
	⑤ 소재지	본사			
		공장(농장)			
	⑥ 대표자성명			⑦ 주민(법인)등록번호	
	⑧ 관리책임자			⑨ 주민등록번호	
	⑩ HACCP 적용업종 또는 품목				

「축산물가공처리법」 제9조제3항 및 동법 시행규칙 제7조의2제1항에 따라 HACCP적용작업장(업소. 농장)으로 지정을 신청합니다.

년 월 일

신청인 (서명 또는 인)

축산물위해요소중점관리 담당기관의 장 귀하

※ 구비서류	수수료
1. 영업허가(신고)증 사본(농업인의 경우 축산업등록증 사본 또는 가축을 사육하는 농업인임을 확인할 수 있는 서류) 1부 2. 영업자와 종업원 또는 농업인의 교육훈련수료증 사본 1부 3. 최근 3월간의 생산 또는 영업실적에 관한 서류 1부 4. 법 제9조제1항에 따른 위해요소중점관리기준을 적용하기 위한 위생관리프로그램 및 1월 이상의 운용실적 1부 5. 업종별 또는 품목별 자체위해요소중점관리기준 및 1월 이상의 운용실적 1부	「축산물가공처리법」 제41조 및 동법 시행규칙 제59조에 따라 축산물위해요소중점관리 담당기관의 장이 정하는 수수료

210mm×297mm(일반용지 60g/㎡(재활용품))

이 신청서는 아래와 같이 처리됩니다. (뒤쪽)

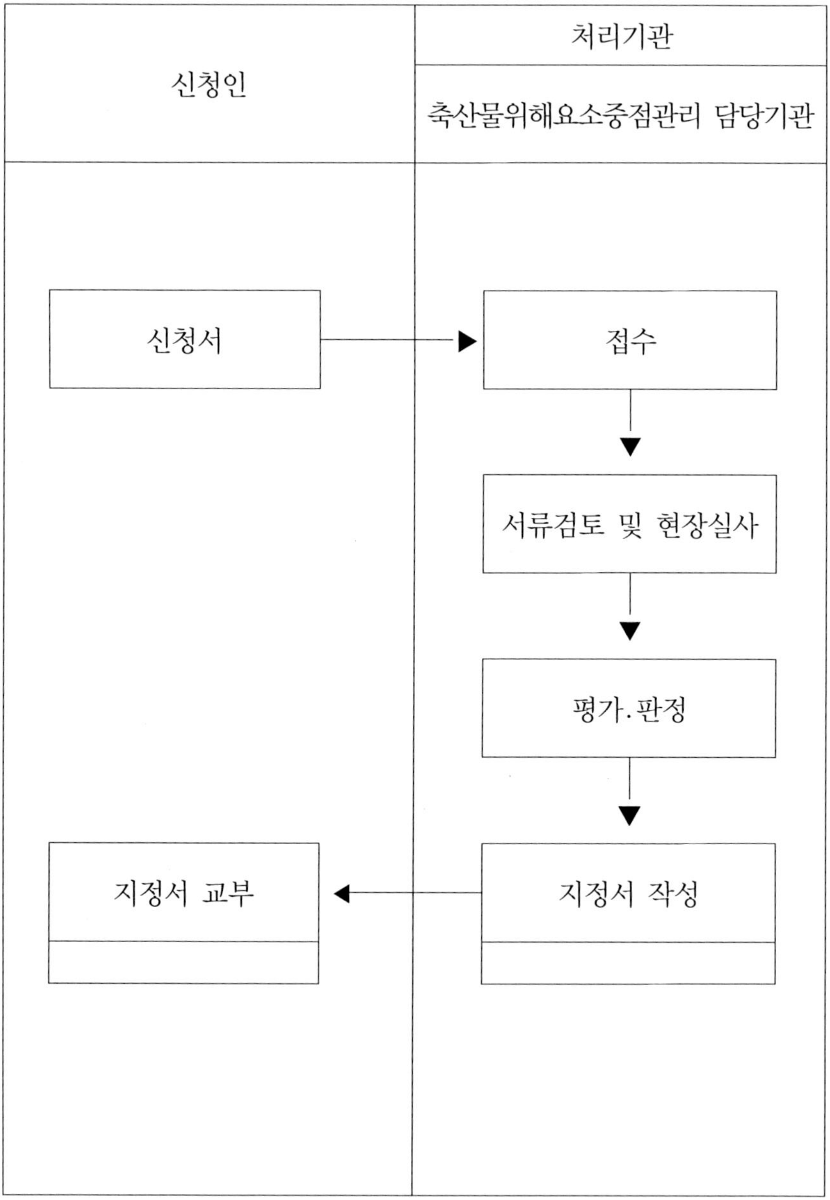

초보사육자를 위한 유산양 기르기 입문서

2016년 7월 20일 초판 인쇄
2016년 7월 25일 초판 발행

저　　자 김천호
전자우편 kichho@kangwon.ac.kr

발 행 인 김용범
발 행 처 송학문화사
주　　소 서울 중구 충무로4가 12-1
일진빌딩 209호
전　　화 02-2274-2393/4
팩　　스 02-2269-2392
등록번호 1993. 7. 24/제2-1959호

값 20,000원

ISBN 978-89-92401-41-8 03520